基于R语言的
数据清洗技术

白世贞 魏胜 薛宁 / 编著

U0255084

经济管理出版社
ECONOMY & MANAGEMENT PUBLISHING HOUSE

图书在版编目（CIP）数据

基于 R 语言的数据清洗技术／白世贞，魏胜，薛宁编著 . —北京：经济管理出版社，2022. 2
ISBN 978-7-5096-8314-9

Ⅰ . ①基… Ⅱ . ①白… ②魏… ③薛… Ⅲ . ①程序语言—应用—数据处理 Ⅳ . ①TP274

中国版本图书馆 CIP 数据核字（2022）第 035029 号

组稿编辑：杨　雪
责任编辑：詹　静
责任印制：黄章平
责任校对：王淑卿

出版发行：经济管理出版社
　　　　　（北京市海淀区北蜂窝 8 号中雅大厦 A 座 11 层　100038）
网　　址：www. E-mp. com. cn
电　　话：（010）51915602
印　　刷：北京晨旭印刷厂
经　　销：新华书店
开　　本：880mm×1230mm/32
印　　张：4
字　　数：85 千字
版　　次：2022 年 3 月第 1 版　　2022 年 3 月第 1 次印刷
书　　号：ISBN 978-7-5096-8314-9
定　　价：59. 00 元

前　言

本书主要介绍 R 语言中用来清洗各种异常数据的技术，即各种函数是如何用来清洗异常数据的。其中，也夹杂着笔者对数据的认识以及数据清洗的理解。

本书中提供的 iptv 数据集，是笔者在学习 R 语言时所用到的数据集的一部分。关于本书中的数据集将会在本书第 1 章进行说明。虽然作为全书的背景和基础，其相对简单，但所有有关数据的解释说明，都是笔者的血泪教训。通过整理数据清洗的过程，才能深刻明白在正式数据清洗之前理解这份数据、凝练业务目标是多么重要的一件事情！希望本书第 1 章内容能给读者带来一些启发。第 2 章至第 6 章则主要讲述了关于数值型数据、字符型数据、时间型和日期型数据、重复数据以及多数据集处理中的相关函数，以便数据清洗人员能够准确识别和纠正异常数据。第 7 章至第 8 章则主要讲述了两个完整的数据清洗过程，同时对比了数据清洗前后的分析结果差异。读者从本书中除能学到有关数据清洗的函数，还可以将本书中的代码进行修改用于其他数据清洗工作（本书中提供的数据、代码都可以在网站中免费下载）。

在阅读本书之前，建议读者先了解 R 语言的基本编程规则。当然，对于没有任何编程基础的读者而言，本书在每章中对编程代码都提供了详细的解释说明。对于已经熟练掌握 R 语言编程技术的读者来说，可以快速掌握本书中提到的数据清洗技术，进而投入到自己的数据清洗工作中。

我们非常欢迎读者参与后续的书籍完善工作，您的反馈将会给我们带来非常大的帮助。详细反馈渠道请关注 HarbinR 微信公众号！

目　录

1

认识本书的数据集

1.1 引言

当我们拿到一份数据的时候，第一步工作不是分析数据！

当我们拿到一份数据的时候，第一步工作不是分析数据！

当我们拿到一份数据的时候，第一步工作不是分析数据！

数据分析指的是将数据转化为价值的一个完整的过程，而分析数据只是其中的一个环节而已，第一步工作应该是梳理业务目标[①]。通俗地讲，就是说，你到底要用这份数据做什么？例如，你拥有一份班级学生的学期成绩册，那么你的目标可能是想要知道哪一门

---

① 熊大. 数据分析的第一步是什么？[EB/OL].［2019-10-02］. https://mp.weixin. qq.com/s/2M7KCkup0fOeZGG1A_VUhQ.

课程难度较大，此时计算各科的平均分或者中位数就可以达成目标，平均分越低说明课程难度越大。当然，这只是一个简单的例子。

事实上，人们在进行数据分析的时候，业务目标与分析数据之间还有一个环节的工作——数据清洗！有句话说得好："garbage in garbage out!"当你辛辛苦苦梳理完业务目标，结果还没有对数据进行必要的清洗工作就去分析，那么只能是"垃圾进来，垃圾又出来"——分析的结果很有可能是完全错误的。仍以上述学期成绩册为例，如果在登记成绩的时候不小心记录成负值，甚至全部变成负值（为了表示数据清洗工作的重要性，有所夸大），那么计算出来的平均分就是负值。一门课的平均分怎么可能是负分呢？这就是前面所说的"垃圾进来，垃圾又出来"。虽然例子有些夸张，但在数据中可能出现的错误类型只会比例子中更多，更复杂，也更夸张。倘若不先进行数据清洗，分析结果如何，可想而知。

本书的目标就是带着读者去识别数据中可能存在的问题，并借助 R 语言（简称 R）这个工具将问题数据清洗干净！这样才会使后续的分析结果更加真实可信。

1.2 涉及数据清洗的基本函数

📖 1.2.1 进行缺失值判断——is. na 函数

在清洗数据的过程中，经常会遇到这样的情况——数据缺失。

此时可以借助 is. na 函数判断数据集中是否存在缺失值。如程序 1-1 所示，在第一行程序中，生成一个数据集 test，其中包含两个缺失值（在 R 中缺失值用 NA 表示）。第二行程序，开始借助 is. na 函数进行判断。这里 is. na 函数中只有一个参数 test，代表需要进行判断的数据集名称。第三行程序展示了 is. na 函数的结果——3 个 FALSE 与 2 个 TRUE。其中，FALSE 代表不是缺失值，TRUE 代表是缺失值，如函数的名称"是缺失值吗?"。

```
#程序 1-1
test <- c("f","f","M",NA,NA)
is. na(test)
[1] FALSE FALSE FALSE   TRUE   TRUE
```

📖 1.2.2　进行频次统计——table 函数

除了以上方式之外，还有一种办法可以判断是否存在缺失值，就是借助 table 函数统计缺失值 NA 出现的次数——实际就是 table 函数统计频次的用法，而且不仅可以检测缺失值，观察 table 函数统计结果，有时候也会发现一些其他的异常情况。

如程序 1-2 所示，第二行程序 table 函数共两个参数，第一个参数代表进行频次统计的数据，第二个参数代表是否需要显示缺失值的结果，在这里选择的是"always"，即总是显示缺失值统计结果，而默认情况是"no"，即不显示缺失值统计结果。

```
#程序 1-2
test <-  c("f","f","M",NA,NA)
table(test,useNA = "always")
```

具体结果如图 1-1 所示，f 出现了 2 次，M 出现了 1 次，缺失值出现了 2 次。

```
>          table(test,useNA = "ifany" )
 test
     f      M <NA>
     2      1      2
```

图 1-1　table 函数的结果（程序 1-2）

📖 1.2.3　进行数据定位——which 函数

如图 1-1 所示，已经知道了数据集中存在缺失值，那么缺失值到底在哪儿，如何定位缺失值呢？如果不解决这个问题，数据清洗也就无从谈起。不仅仅是缺失值，无法定位其他异常值的具体位置同样无法进行数据清洗。在 R 中可以用非常简单的 which 函数来判断缺失值的位置。

如程序 1-3 所示，第二行借助 which 函数确定了 test 数据集中缺失值出现的位置，结果如第三行所示，即第四个与第五个元素（观察 test 数据集显然也可以得到这个结果，但当数据较多的时候，还是借助程序更加有效）。其中，which 函数中嵌入了一个逻辑判断的函数 is. na，我们知道 is. na 的结果只有 FALSE 与 TRUE，而 which 函数只会返回逻辑值为 TRUE 的元素位置，故得出缺失值出现的位置为 4 和 5。

```
#程序 1-3
test <-  c("f","f","M",NA,NA)
which(is. na(test))
[1] 4 5
```

📖 1. 2. 4　进行数据概览——summary 函数

有时候为了尽快了解数据的整体情况，识别明显的异常情况，可以选择 summary 函数——它会将数据集的基本情况展示出来。如程序 1-4 所示，summary 函数中只包含一个参数，即需要进行概览的数据集。

```
#程序 1-4
test <- c(1,2,3,NA,NA)
summary(test)
```

此时借助 summary 函数也能判断出是否存在缺失值，结果如图 1-2 所示。

```
>  summary(test)
     Min.   1st QU.   Median      Mean  3rd Qu.     Max.    NA's
      1.0       1.5      2.0       2.0      2.5      3.0       2
```

图 1-2　summary 函数的结果

📖 1. 2. 5　输出选定部分——head 函数

有时候我们并不需要展示所有的结果，此时可以借助 head 函数仅输出部分结果。如程序 1-5 所示，第一行代码生成了 100 个数字，第二行代码借助 head 函数输出了前 10 个数字的结果,其中 head 函数第二个参数代表输出数据集中的前几个元素个数(如果数据集是数据框结构,则代表输出前几行元素)。

```
#程序 1-5
test <- 1：100
head(test, 10)
[1]  1  2  3  4  5  6  7  8  9 10
```

当然,也可以借助下标进行选择,如 test［1：10］可以实现相同的结果,其中［ ］中的数字或数列等代表下标。若数据集是数据框结构,需要选定输出的行或列下标。此时需要在［ ］中加英文输出法下的“,”,且逗号左侧代表行,逗号右侧代表列。如程序 1-6 所示,第一行代码表示生成了一个数据框结构的数据集 test。其中第一列名为 a,100 行数据,第二列名为 b,100 行数据。第二行代码表示仅输出前 10 行数据。

```
#程序 1-6
    test <-  data. frame(a＝1:100,b＝101:200)
    test[1:10,]
```

结果如图 1-3 所示。

```
>           test[1:10,]
            a   b
1           1  101
2           2  102
3           3  103
4           4  104
5           5  105
6           6  106
7           7  107
8           8  108
9           9  109
10         10  110
```

图 1-3 test 数据前 10 行输出结果

（1.3） 读入数据

准确地说，拿到数据首先是读入数据。

读者可以利用如程序 1-7 所示的 R 代码读入该文件，并创建一个数据框结构的 R 数据集。第一行，setwd 函数用来设定电脑中工作空间的位置，一旦设定好可以很方便地读入数据。否则，每次读入数据就必须输入完整的存储位置才行（如 read.table("D:/data/iptv.csv", sep = ","）。

```
#程序 1-7
setwd("D:/data/")
iptv <- read. table("iptv. csv",header = F,sep = ",",encoding = "UTF- 8")
head(iptv,10)#`输出前 10 行数据`
```

其次是借助 read. table 函数读取数据①，并将读取的数据存入名为 iptv 的变量中以便在 R 中调用。当然还有其他各种读取数据的函数，读者可以在代码输入界面键入"read. table"查看。其中，read. table 函数第一个参数代表数据的名称（包含原始的格式后缀），第二个参数是询问原数据第一行是否为表头②，第三个参数代表数据分隔符③，第四个参数代表数据存储的编码④。

最后是用 head 函数来输出选定范围的数据。如程序 1-7 所示，第三行代码代表输出 iptv 数据的前 10 行。如果想查看前 100 行，就在对应位置输入 100 即可。当然也可以直接在软件控制界面输入 iptv 数据集的名称，直接查看数据。但是当数据观测数量较多的时候并不能完整地将数据呈现出来，甚至多数情况下的输出效果非常混乱，这也是推荐大家使用 head 函数的原因（我们并不需要在界面中输出全部的数据）。实际上，处理大样本的数据，data. table 包是一种不错的选择，读者可以在网上查找、了解相关信息，这会非常有帮助！

---

①　或者使用 data. table 包中的 fread 函数，内部参数同上。fread 函数读取数据要比自带的 read. table 函数读取速度更快、读取数据体量更大。后续行文实际皆使用 fread 函数读取的数据。

②　这里 F 代表"否"的意思，即原数据没有表头，这样读入后 R 软件会帮助我们给数据集加上表头。当然，如果选择"header=T"，读入数据时，第一行数据会作为表头。

③　有的数据显示为 txt 文本格式，但内部的数据可能用","作为分隔符，这也是一种典型的 csv 格式的数据。

④　通常为 UTF-8，如果读入数据后发现乱码的情况，可以尝试不输入该参数或者使用其他类型的编码进行尝试。当然，最好能和提供数据的人沟通确认清楚。

本书例子中原始数据存储在电脑 D 盘的 data 文件夹中（D：/ data/iptv. csv），读者可根据自己的实际情况设定，并且一定要将存储位置描述准确，否则无法读入数据。如果遇到程序运行错误的情况，读者可以将运行后的错误信息复制粘贴到浏览器中（如百度）寻找解决办法。

iptv 数据集中的前 10 行数据如图 1-4 所示。

```
>   head(iptv,10)
             V1          V2          V3                                    V4   V5
1:    8250102113070112   09:44:14    CCTV-1                         魔幻手机(10) 1515
2:    8250102113070112   10:09:29    CCTV-5        国际田联室内大奖赛-纽约站      118
3:    8250102113070112   10:11:27    黑龙江卫视                          悬崖(5)  332
4:    8250102113070112   10:16:59    黑龙江卫视                     爱情睡醒了(23) 1543
5:    8250102113070112   11:04:43    CCTV-7                          军营大舞台    46
6:    8250102113070112   11:05:29    南京少儿                    天天快乐岛(复) 1333
7:    8250102113070112   12:01:28    天津卫视                         12点报道 3028
8:    8250102113070112   12:51:56    CCTV-2                      经济与法周末版   907
9:    8250102113070112   13:07:03    CCTV-5  国际乒联职业巡回赛-斯洛文尼亚站      256
10:   8250102113070112   13:11:19    南京新闻                下午剧场:杨贵妃秘史5-8   31
```

图 1-4 head 函数的输出结果

从图 1-4 中可以看到，由于我们确认第一行数据不是表头（header = F），读入函数直接帮我们定义了五个表头的名称（V1～V5），即列变量的名称。那我们怎样确定第一行不是表头呢？当然是试过了，即 header = T 发现的，此时表头的名称就是数据本身，如图1-5所示。因此，可以断定第一行并非表头。

如图 1-4 所示，该数据显示有五个变量：V1～V5。那么这五个变量到底是什么意思呢？这份数据又是什么类型的数据呢？

```
>   head(iptv,10)
        825010211307012    09:44:14    CCTV-1              魔幻手机（10）      1515
1:      825010211307012    10:09:29    CCTV-5          国际田联室内大奖赛–纽约站    118
2:      825010211307012    10:11:27    黑龙江卫视              悬崖（5）        332
3:      825010211307012    10:16:59    黑龙江卫视            爱情睡醒了（23）    1543
4:      825010211307012    11:04:43    CCTV-7              军营大舞台         46
5:      825010211307012    11:05:29    南京少儿            天天快乐岛（复）    1333
6:      825010211307012    12:01:28    天津卫视              12点报道        3028
7:      825010211307012    12:51:56    CCTV-2            经济与法周末版       907
8:      825010211307012    13:07:03    CCTV-5        国际乒联职业巡回赛–斯洛文尼亚站   256
9:      825010211307012    13:11:19    南京新闻          下午剧场:杨贵妃秘史5–8    31
10:     825010211307012    13:11:50    南京信息              东方购物         4
```

图 1-5　与图 1-4 的对比

1.4 数据的结构与基本信息

1.4.1　该数据集的结构

通常来说，读入数据之后自然先要查看数据的类型、结构（包括有多少条信息，有多少个变量以及每个变量代表的含义），以便了解数据的基本信息，方便构建分析思路和分析目标。否则，无从着手数据分析。

第一列 V1。这列数据代表什么意思，其实并没有特别多的信息。但是可以注意到前 10 行，V1 的值都是一样的。这是一条有用的消息。

第二列 V2。看着这种数据结构，很自然就会想到时间，时：分：秒。但是为了以防万一，假如这列代表时间，那么可以确定：小时数大于等于 0 且不会超过 24，分数大于等于 0 且不会超过 59，秒数大于等于 0 且不会超过 59。只要能够验证几个信息，基本就可以判定 V2 列代表时间。当然，现在先不用管到底怎么处理！只需要按照最朴素的逻辑去看待这份数据即可。

第三列 V3。显然，这列信息代表的是电视频道。

第四列 V4。显然，这列信息代表的是电视节目，甚至是某时间播放的电视节目。

第五列 V5。这个不好判断，但是有几种猜想。由于该列是数值，要么是频次或者观看电视节目的人数（依据直觉），要么就是观看电视节目的持续时间①（依据时间列 V2 想到的）。

有了以上的信息，足够我们为接下来的工作指明方向。当然，其实还有信息可以透露，这是某个小区 24 小时内观看电视节目的信息。这不难理解，给你数据的人至少要提供一些基本的信息才行。有了这条信息，我们再来推测五个变量的含义。

既然是某个小区内观看电视节目的信息，结合 V1 列有相同数据

---

① 这个假设可以利用前后两个时刻相减得到验证。

的情况，推测 V1 列可能代表小区内每户家庭的 ID①。

所以就有了 V2 列，代表每户家庭看电视的时间。

V3 列就代表那个时刻的电视频道。

V4 列就代表当时电视频道播放的电视节目。

结合 V1 列的推测，其实将 V5 列看作是观看电视节目的持续时间会更合适。并且，经过前后两个时刻相减发现，V5 列的时间就是观看电视节目的持续时间，单位是秒②。

综上所述，为了方便后续分析和理解，一定要为数据集 iptv 的五个变量重新命名。这是非常重要的一步，因为好的变量名称便于更快速地理解数据，而且一旦数据中的变量多起来也方便记忆，所以读者要重视这一步的工作。在这里，我们可以借助 names 函数进行变量的命名，如程序 1-8 所示。

```
#程序 1-8
#`接程序 1-7`
names(iptv) <-  c("ID","time","channel","showname","duration")
head(iptv)
```

① 其实不是仅依靠这两条信息就确定，而是在实际中类似这种数据可以看作点击流数据，代表用户动作发生。有作为唯一标识的 ID，因此会这样推测。

② 不要小看这里短短的几句描述，其实我们了解、熟悉数据的过程确实会花掉我们不短的时间，但读者不用为此感到迷惑。

names 函数代表获得 iptv 数据集的列名或者设置 iptv 数据集的列名。这里由于存在 "<-" 赋值，代表的是为 iptv 数据集设置列名。"<-" 符号右侧的 c 函数代表生成五个字符，按顺序分别赋值给 iptv 数据集的五个变量。之所以挑选这五个列名，是为了使列名有意义，方便记忆，结果如图 1-6 所示。

```
>    head(iptv)
         ID          time       channel                              showname  duration
1:  8250102113070 12  09:44:14   CCTV-1                              魔幻手机(10)      1515
2:  8250102113070 12  10:09:29   CCTV-5      国际田联室内大奖赛–纽约站                     118
3:  8250102113070 12  10:11:27   黑龙江卫视                               悬崖(5)       332
4:  8250102113070 12  10:16:59   黑龙江卫视                           爱情睡醒了(23)      1543
5:  8250102113070 12  11:04:43   CCTV-7                              军营大舞台        46
6:  8250102113070 12  11:05:29   南京少儿                             天天快乐岛(复)      1333
```

图 1-6　重命名后的 iptv 数据集前 6 行数据

通过以上分析，读者是不是已经对这份数据有了相当深入的理解，但是实际上还不够。准确地说，这份数据类似点击流数据（clickstream data）。

当我们确定这是点击流数据的时候，第一直觉是不存在持续时间这样的变量，因为点击流数据只会记录一个个点击行为发生的时刻。所以，老实说这份数据其实是已经经过加工之后的数据了——这在计算观看电视节目持续时间的时候就应该意识到。

如果继续深入思考数据产生的过程，每个时间点其实代表的可能是：开电视、切换电视台的动作。那么，会不会有关电视的动作呢？答案是肯定会有的，只是关电视的动作在这份数据中没有记录，至少没有明显的记录。它被隐含在数据之中了。因为，我们利用前后两个时间相减计算观看持续时间的时候，有的数值并不等于第 5 列的变量（如第 4 行数据的观看持续时间，并不等于第 5 行观看时间减去第 4 行观看时间）。这就是因为关闭电视的动作被隐藏了，所以用前后两个时间相减得到的数据，会比第 5 列变量的值更大，因为我们把关电视后的时间也当作观看时间了。当然，这是后话，之所以着重笔墨描述这件事情，是想要告诉大家：思考数据背后的产生过程，能帮助我们更加深入、透彻地了解数据，并且在发现异常数据的时候，也更容易找到原因、找到正确的解决办法。

1.4.2　该数据集的基本信息

经过一段时间的思考，做完以上工作后就可以开始查看数据集的基本信息了。R 中提供了 str 函数与 summary 函数，分别查看数据的结构与变量的基本情况。通常，str 函数与 summary 函数都只需要输入想要查看的数据变量名称即可，如程序 1-9 所示。

```
#程序 1-9
str(iptv)
summary(iptv)
```

iptv 的基本情况如图 1-7 所示，str（iptv）代码输出结果的第一行英文含义显示该数据集共 18064 行观测、5 个变量，并且是 da-ta. table 和 data. frame 结构。

```
>  str(iptv)
Classes 'data. table' and 'data. frame': 18064 obs. of  5 variables:
$ ID      : integer64 825010211307012 825010211307012 825010211307012 825010211307012 825010211307012 825010211307012 82501
0211307012 825010211307012 ...
$ time     : chr "09: 44:14" "10:09:29" "10:11:27" "10:16:59" ...
$ channel  : chr "CCTV-1" "CCTV-5" "黑龙江卫视" "黑龙江卫视" ...
$ showname : chr "魔幻手机(10)" "国际田联室内大奖赛-纽约站" "悬崖(5)" "爱情睡醒了(23)" ...
$ duration : int 1515 118 332 1543 46 1333 3028 907 256 31 ...
- attr(*, ". internal. selfref")=<externalptr>
> summary (iptv)
     ID                 time            channel            showname          duration
 Min.   :825010211307012 Length:18064     Length:18064     Length:18064     Min.   : -86398.0
 1st Qu.:825010211313329 Class : character Class : character Class : character 1st Qu.:     15.0
 Median:825010211347962 Mode  : character Mode  : character Mode  : character Median:     96.5
 Mean  :825010211348172                                                      Mean   :    712.8
 3rd Qu.:825010211365791                                                     3rd Qu.:    875.2
 Max.   :825010211392786                                                     Max.   :  80965.0
                                                                            NA's    :     100
```

图 1-7　数据概况

这里显示变量的数据存储格式有三种，分别为：integer64、chr 与 int。

简单来看，可以将 chr 看成字符型，其他看成数值型。数值型数据则可以进行数值运算，这是非常有用的特征（参见 summary 函数的结果）。

summary（iptv）代码的输出结果显示该数据集每个变量更为详细的基本信息，如第五列数值变量 duration 的最小值、第一分位数、中位数、均值、第三分位数、最大值。注意到，最小值为 -86398.0，这与实际情况是不相符的。因此需要对该变量进行数据清洗，去掉异常数据。这就是前面提到的数值变量能够进行数值运算的优势特征，只需要查看数值变量的概况就能识别异常值，而字符型数据就没有这样的特征，需要我们用更加复杂的正则表达式进行处理，这在后续章节会讲到。

综上可知，借助 str 函数与 summary 函数查看数据的基本信息不仅可以帮助我们熟悉数据，而且可以初步识别数据中的异常信息，为后续分析打下坚实的基础。但这远远是不够的！

1.5　业务目标与数据清洗工作

点击流数据常见的业务目标①的思路：用户分析。我们可以选择以下分析目标，其中我们将用户分为低、中、高三组。

（1）对比不同组别的用户观看电视频道或电视节目的持续时间均值、中位数、最大值与最小值。

（2）对比不同组别的用户当天切换频道的次数。

有了目标，我们就可以根据影响目标分析结果的因素进行数据清洗工作，具体讲就是利用试错法一一排除，修正可能会影响分析结果的因素。

综上所述，可以初步判断需要进行的数据清洗工作如下：

---

① 相较于正式商务数据分析中具体的企业业务目标，这里的业务目标可以看作是数据清洗的目标。

（1）对数值变量 duration 中可能存在的缺失值、异常值进行处理。如果有数据错误而不进行处理，分组工作就可能将某些用户划分至错误的组别，影响最后的分析结果。

（2）对频道与节目变量可能存在的错误进行修正——可能在某些时刻，数据中的频道或节目信息是别的时刻存在的。如果不进行修正，不同组别的用户总观看时间较长的频道或节目就可能是错误的，会影响最终的分析结果。当然，除此之外，还可能使不同组别用户观看电视频道或节目的持续时间均值、中位数、最大值与最小值出现错误。

（3）前两个只是根据业务目标，列举一些可能影响分析结果的因素，还有在数据分析中不能忽视的、基本的清洗工作，就是根据生活经验，对可能出现的问题进行处理。例如，时间变量中小时数不能超过 24，分钟和秒数不能超过 60，还有数据集中各个变量中缺失值的处理等。

有了以上的数据清洗工作，我们才能确保随后的业务目标分析结果更加准确、合理。

当然，在开始正式的数据清洗工作之前，我们将在本书第 2 章至第 6 章对数值型数据清洗及字符型数据清洗的技术进行介绍，以便后续按照业务目标进行数据修正。

识别与清洗数值型数据中的异常值

2.1 引言

在第 1 章中，我们已经对 iptv 数据集有了基本的了解并且学习了几个基本的数据清洗函数，现在开始正式踏上数据分析之旅。

之所以选择从数值型数据开始，是因为数值型数据相对更简单，而且每个变量都要进行清洗工作，为什么不从简单的开始呢？当然，必须声明一点。简单不代表不重要，相反，数值型数据相当重要。从生活中的许多重要指标就能看出来，比如平均寿命、平均工资等。虽然大家不喜欢被平均，但至少平均值代表了数据所能表示的一种视角，而且除了平均值，我们还可以用中位数、最小值、最大值、分位数来表示。这些指标并不代表数据本身，但至少从不同的角度对数据进行了展示，有助于我们更加深刻地认识数据。

在 R 中，想要计算数值变量的这些指标是非常简单的，前面已经讲过只需要执行 summary 函数即可。但是，在进行正式的数据分析、处理工作之前，还需要对数据进行清洗工作，识别异常值，剔除错误数据，否则分析、计算的结果很可能是错误的。

②.② 梳理业务目标

除了不能直接分析数据之外，在第 1 章还提到数据分析的第一步工作应该是梳理业务目标。当然，前面讲到的平均值、中位数之类的指标计算，也可以看作是一种目标。目标的重要性不言而喻，当我们想要观看持续时间（duration）的平均值时，其实已经指向了下一步所要进行的工作，进而指导着我们利用 summary 函数进行计算。此外，确定目标还有一个好处，就是当我们不知道如何实现目标的时候，至少可以将目标输入到百度中去搜索答案。

现在开始进入正题。查看 duration 变量的平均值是走向数据分析的一小步，除此之外，结合 iptv 数据集的其他几个变量来看，比如每个用户观看持续时间（duration）的平均值是多少、每个频道观看持续时间（duration）的平均值是多少等，我们可以思考出来很多个目标。

以观看持续时间（duration）的平均值为例，为了得到正确的平均值，至少要保证该列变量中不会出现过多的异常值——在这里主要指缺失值和离群值。否则，计算出来的结果就很难正确说明观看持续时间（duration）的平均情况。

2.3 快速清洗异常数据

📖 2.3.1 快速识别与删除缺失值

程序 2-1 展示了计算观看持续时间基本信息的代码，并且在 summary 函数之前还有一行代码——用来检测该列变量是否有缺失值。当然，实际上即使有缺失值，summary 函数也会在输出结果中展示出来。之所以多写一步，是因为缺失值检测非常重要，提醒读者在每次数据清洗中都要注意。

```
#程序 2-1
    table(is. na(iptv $ duration))
    summary(iptv $ duration)
```

table 函数的作用是统计频次。is. na 函数的作用是判断 iptv 数据集中 duration 变量中的数据是否为缺失值，输出结果为逻辑值（duration 变量中的每个数值都会有一个对应的输出结果）——若为缺失值则输出 TRUE，否则输出 FALSE。因此，两者结合的输出结果是 TRUE 和 FALSE 的频次，代表 iptv 数据集 duration 变量中缺失值（TRUE）是多少、非缺失值（FALSE）是多少。

如图 2-1 所示，第一行代码显示 TRUE 的频次为 100，代表有 100 个缺失值。

```
>    table(is.na(iptv$duration))

FALSE     TRUE
17964      100
>    summary(iptv$duration )
     Min.    1st Qu.    Median     Mean    3rd Qu.     Max.      NA's
  -86398.0     15.0      96.5      712.8    875.2    80965.0     100
```

图 2-1   duration 变量的基本情况

第二行代码的 "NA's" 其实也是同样的道理，也代表有 100 个缺失值，这是很常见的一种数据异常情况。读者也可以返回查看图 1-7，其实已经在当时的结果中显示出 duration 变量中存在缺失值。

通常有两种处理异常数据的方式：一是删除；二是修正（详见本书第 7 章）。显然，删除要更容易一些。

鉴于缺失值数量较少，只有 100 个（约占数据总量的千分之六），直接删除即可。

在 R 中我们想要删除数据，就必须先知道数据在哪里。在这里，我们采用 which 函数进行定位，之后再进行删除操作。具体代码如程序 2-2 所示。第一行，which 函数中输入的是逻辑表达式（判断 duration 变量中的数据是否为缺失值，若是缺失值则返回为 TRUE，否则返回为 FALSE），which 函数输出的是逻辑值为 TRUE 的位置。然后，将返回的位置数据存储在变量 w 中。

第二行，我们将删除 iptv 数据集中存在缺失值的数据。其中，"-w"代表删除的意思，将其放在"[,]"中的逗号左侧代表是删除行变量的意思，并最终将删除缺失值的数据存储在名为 df 的变量中方便调用。

```
#程序 2-2
w <- which(is. na(iptv $ duration))
df <- iptv[- w,]
```

经过以上步骤，我们可以简单认为变量 duration 中已经没有缺失值了。此时，我们就可以继续对数据的离群值进行处理。

📖 2. 3. 2 快速识别离群值

如图 2-1 所示，第二行代码还输出了 duration 变量的其他信息。

我们重点关注最小值（Min）、均值（Mean）、中位数（Median）、最大值（Max）和第三分位数（3rd Qu）。最小值为负值是一个明显的数据异常，因为我们知道现实生活中观看持续时间不可能是负值，基于此，我们可以认为该数据可能不止一个负值，需要进行数据清洗。其中，中位数为 96.5，代表有一半的数据 duration 值低于 96.5 秒，不到 2 分钟。均值为 712.8，不到 12 分钟。最大值为 80965.0，接近却不超过 86400 秒（24 小时），还算正常[①]。但对比第三分位数 875.2 秒可知，最大值实在太大了，远超第三分位数的 1.5 倍（1312.8 秒）。按照一般的理解，我们可以认为该数据有离群值，也是需要进行处理的。

综上所述，我们在 iptv 数据集的 duration 变量中找到了两类需要进行清洗的异常值。第一是缺失值，第二是离群值。其中，离群值在接下来的小节进行详细讲解。

② 2.4 清洗离群值

查看数值型数据最大值、最小值等方法，其实都是为了识别出

---

① 进一步验证了该列变量是观看持续时间。接近 24 小时，很巧合，不是吗？

数值型数据中是否有某些数据超出了正常范围。这从另一个角度来说，其实我们是知道某个数值变量其正常范围的，或者至少知道一个大致范围，比如体重、时间、日期等。因此，可以通过最大值、最小值来进行确认。

但当我们不知道数值变量的正常范围的时候，数值型变量就不需要处理了吗？如果处理，又该如何处理呢？这里用到的概念就是离群值（outlier）——是指在数据中有一个或几个数值与其他数值相比差异较大。只要能识别出来离群值，就可以进行接下来的数据清洗了。

📖 2.4.1　利用经验清洗离群值

（1）删除。前面已经提到，观看持续时间 duration 变量的合理范围。据此，我们就可以将不在此范围内的数据剔除出去，即可完成数据清洗工作。为简单起见，程序 2-3 接续删除缺失值的程序 2-2。

具体代码如程序 2-3 所示。

```
#程序 2-3
#剔除异常数据
w <-  which(df $ duration < 0  |  df $ duration >86400)
df3 <-  df[- w,]
summary(df3 $ duration)
```

可以注意到，程序 2-3 中删除异常数据的代码与程序 2-2 的内容类似，都是先判断出缺失值或异常数据所在的位置之后，再借助下标进行删除。不同之处在于，删除 duration 变量中异常数据的时候，which 函数中有两个逻辑判断：判断 duration 是否小于 0；判断 duration 是否大于 86400。这是因为 duration 变量有上下限，我们需要分别对其作出判断。注意 which 函数中借助了符号"｜"，代表逻辑"或"的含义。在这里主要是指判断出来 duration 变量中小于 0 或者大于 86400 的数据位置。借助 summary 函数，我们可以看到，数据中已经没有超出生活基本常识的观看持续时间数据了，如图 2-2 所示。

```
>    summary(df3$ duration )
     Min.      1st Qu.    Median        Mean      3rd Qu.      Max.
       0          15        99          1093        884       80965
```

图 2-2　删除异常值之后的 duration 变量概况

（2）修正负值。在前面提到，我们可以直接使用简单粗暴的办法——删除来将数据整理完成，但这并没有深入考虑数据产生的原因。如果明白了原因，则会发现有些负值其实是可以被纠正的。

前面已经提到过，duration 变量是通过用户两次观看电视的时间相减得到的秒数。也正因为如此，我们才能修正某些缺失的 duration

数据。我们最早说过：这份数据是某个小区 24 小时内的观看电视节目的数据。24 小时，可不代表大家都是只在一天内观看的电视。假如我是一个夜猫子，就喜欢从半夜开始看。例如，在 23 时 59 分（86340 秒）开始看电视，并在 0 时 1 分（60 秒）切换了频道，那么数据就会出现跨天的情况，此时再计算我的观看时间就是 -86280 秒（60 秒 -86340 秒 = -86280 秒）。所以当出现跨天的情况时，两次观看电视节目的时间相减得到的秒数就是负值。

如果删除这些数据不是太可惜了吗？因为修正这种数据只需要加上 86400 就可以了。具体代码如程序 2-4 所示。

```
#程序 2-4
w <- which(queshi $ duration<0)
queshi[w,] $ duration <- queshi[w,] $ duration + 86400
```

📖 2.4.2　利用均值与标准差检测离群值

如果数据值分布看起来像是正态分布或者至少是对称的（可以借助 R 中 density 函数与 plot 函数），你可以考虑使用分布的性质来识别可能存在的数据谬误。

比如，人们通常将正常值记为在平均值的两个标准差范围内

（均值-2×标准差，均值+2×标准差），在这个范围内的数值我们认为是正常数据，否则为异常数据。但是，若有严重的数据错误，标准差可能会膨胀，以至于使明显异常的数据出现在平均值的两个标准差之内（即不会被识别为异常数据）。

应对这种问题的最好办法就是移除一些过高与过低的数据，再来计算标准差。例如，你可以利用 80% 的中间数据来计算标准差（分别去除最大和最小的 10% 的数据），然后确定离群值。另一种流行的办法是利用四分位数差，这里不做赘述。

首先，借助 plot 与 density 函数，查看数据变量的分布情况。我们以某用户的观看持续时间来做示例，具体如程序 2-5 所示。

```
#程序 2-5
duration <- iptv[ID=="825010211307012",] $ duration
plot(density(duration))
```

其中，我们选择了一个 ID 等于 825010211307012 用户的 duration 来进行示范——该用户共 22 条数据信息。density 函数用来计算估计数据 duration 的核密度，plot 函数用来画出 duration 的密度图，如图 2-3 所示，可以看出图形右偏，但暂时先不考虑。

其次，让我们看看怎样利用均值与标准差来检查数值变量的异常值。读者可以利用 mean 与 sd 函数计算均值与标准差，sd 是

standard deviation 的首字母缩写。正如程序 2-6 所示（该程序被分成两部分了，请读者继续往下读），计算后的均值与标准差分别存入变量 duration_m 与 duration_sd。

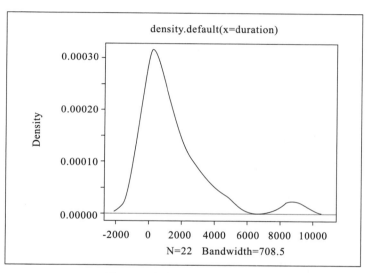

图 2-3　程序 2-5 的输出结果

```
#程序 2-6
duration_m<- mean ( duration, na. rm = T )
duration_sd<- sd ( duration, na. rm = T )
```

在以上均值与标准差的计算中，只需要在函数值中输入将要计算的数据变量即可。读者要注意参数 na. rm——若参数等于 TRUE 则代表忽略缺失值。因为当数据中存在缺失值就没法计算均值或标准

基于 **R** 语言的数据清洗技术

差，需要使用该参数以便忽略缺失值再进行均值或标准差计算。当然，在前期处理过程中其实已经消除了缺失值，因此就不会存在这个问题了，所以请在进行正式的数据分析前先解决缺失值的问题。

最后，简单看一下这两个变量的结果，如图 2-4 所示。1464.5 秒（约 24 分钟）的节目观看时间的均值还算正常，标准差接近 2118 秒（约 35 分钟）。

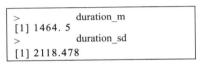

```
>                duration_m
[1] 1464. 5
>                duration_sd
[1] 2118.478
```

图 2-4　程序 2-6 的输出结果

接程序 2-6，如程序 2-7 所示，通常你需要利用均值与标准差判断该用户 duration 的数据中哪些值是离群值，如超出均值两个标准差范围的数据。

```
#程序 2-7
w<- which(duration<duration_m- 2* duration_sd｜ duration > duration
_m +2 * duration_sd )
duration [w]
```

which 函数内的逻辑判断用于定位 duration 数据中哪些观看时间是在均值的两个标准差范围之外。程序运行结果如图 2-5 所示。

```
>                        duration[w]
[1] 8820
```

图 2-5　程序 2-7 的输出结果

可以看到这个结果为 8820 秒，远高于 duration 的平均值，这也是图 2-3 出现右偏的原因——有极大值。

因此在检查之前，可以先截去数据前后的部分值，减少离群值的数量。

2.4.3　截去部分离群值

本书中推荐使用函数 quantile 来帮助我们截去部分离群值，但该函数只提供对应数据中百分比位置的具体数值。比如 quantile（df $ duration，0.1）的返回值是 4.0，即该变量中 10% 的数值不大于 4.0；quantile（df $ duration，0.9）的返回值是 2505.7，即该变量中 90% 的数值不大于 2505.7。

因此所谓截去 duration 中观看时间上下限 10% 的数据是指保留大于 4.0 且小于等于 2505.7 的数据，其中数据集 df 来自程序 2-2，计算如程序 2-8 所示。

```
#程序 2-8

#计算对应 10%与 90%两个百分比位置的具体数据

q<- quantile(df $ duration,probs = c(0. 1,0. 9),na. rm = T)

#逻辑判断与定位

w<- which(df $ duration>q[1] & df $ duration<=q[2])

#提取截断之后的数据

duration2 <- df $ duration[w]

mean(duration2)

sd(duration2)

#未截断之前的结果

mean(df $ duration)

sd(df $ duration)
```

　　为了看清过程，我们先来看看运行 quantile 函数后的结果。该结果中有两个值，q［1］指 10%位置的具体数据，q［2］指 90%位置的数据。如图 2-6 所示，其中 10%下方的数字对应 q［1］，其中 90%下方的数字对应 q［2］。

　　计算截断离群值后的均值与标准差结果如图 2-7 所示，前两个数值代表截断离群值之后的均值与标准差，后两个数值代表截断离群值之前的均值与标准差。

```
>    q<-quantile(df$duration,probs = c(0.1,0.9),na.rm = T)
>    q
   10%     90%
   4.0   2505.7
```

图 2-6   quantile 函数的输出结果

```
>    mean (duration2)
[1]  423.9772
>    sd(duration2)
[1]  602.3543
>    mean (df$duration)
[1]  712.7784
>    sd(df$duration)
[1]  6831.083
```

图 2-7   截断前后的均值与标准差对比

可见，截断离群值后 duration 的均值和标准差都更小，特别是标准差——降低了将近 10 倍，说明已经大幅度降低了异常情况对数据的影响。

2.4.4   利用四分位差检测离群值

另一种检测离群值的方法来自探索性数据分析（EDA）。这是一种相当稳健的方法，就像前面的截尾统计一样。它利用四分位区间来定义离群点（高于第三分位数或低于第一分位数的倍数）。若读者并不熟悉 EDA 方法，可以这样理解：第一分位数是指数据中位于

25%位置的数据；第三分位数是指位于75%位置的数据。比如你想要将大于1.5倍第三分位区间或低于1.5倍第一分位区间的数值定义为离群值。由于它独立于数据分布情况，该方法非常有吸引力。

你可以利用boxplot输出一个箱型图。例如，我们生成iptv数据集中duration的箱型图以及程序2-8中duration2的箱型图（相较于iptv数据集已经剔除掉许多异常数据），过程如程序2-9所示。

```
#程序2-9
#`默认为四分位差的1.5倍`
boxplot(iptv $ duration,horizontal = T)
boxplot(duration2,horizontal = T)
```

iptv数据集具体输出结果如图2-8所示，难以辨识分位数位置。

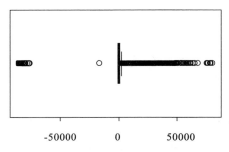

图 2-8 iptv 数据集中 duration 变量的箱型图

duration2数据集箱型图输出结果如图2-9所示，箱子内部的垂直线代表数据的中位数，箱子左右分别为第一分位数与第三分位数。箱子外边延伸出来的线代表 1.5 倍的分位数。分位数线外的点代表离群值，但这里由于离群值相距较近，散点重叠看起来像一条直线。

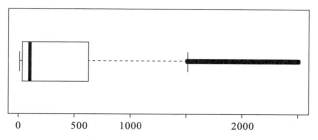

图 2-9 执行截断程序后 duration2 的箱型图

2.5 其他数值数据清洗技术

2.5.1 最大值与最小值

缺失值的判断前面已经讲过，这里不再赘述。

这里我们使用 iptv 数据集中的观看电视节目的持续时间变量（duration）进行演示，具体如程序 2-10 所示。

```
#程序 2-10
#提取 duration 数据
duration <- iptv $ duration
summary(duration)
```

我们主要使用的函数是 summary，展示结果中除了最大值、最小值之外，还显示了第一分位数、第三分位数、中位数以及均值，如图 2-10 所示。

Min.	1st Qu.	Median	Mean	3rd Qu.	Max.	NA's
-86398.0	15.0	96.5	712.8	875.2	80965.0	100

图 2-10　程序 2-10 的输出结果

summary 函数是非常简单又好用的方法，对于数值型变量的输出结果非常全面，但并不是唯一的方法。R 中还提供了 max、min、median、mean 以及 quantile 函数，分别用来获得最大值、最小值、中位数、均值以及分位数。读者可以自行尝试，查阅函数可以使用代码 help（函数名），如 help（quantile）。此外，还有 range 函数可以用来查看数值的范围。

📖 2.5.2   排序

如果你的数据比较多，并且预期会有很多的谬误，那么你可以选择输出五个以上的最大值和最小值。此时需要先借助于 order 函数进行排序，再列出前几位数值即可。

例如：为了输出 10 个最大值和最小值，可以使用程序 2-11 的代码：

```
#程序 2-11
#`先排序`
w<- order(iptv $ duration)
#`输出前 10 个最小值`
x<- w[1:10]
iptv[x,]
#`逆序排列,即可输出前 10 个最大值`
w<- order(iptv $ duration,decreasing = T)
x<- w[1:10]
iptv[x,]
```

order 函数是 R 中常用的排序函数，但是它的输出结果通常是位置——排序后从小到大的数值位置，因此 order 输出的前 10 个数就

基于 **R** 语言的数据清洗技术

是最小的 10 个数。当然，通过设置参数 decreasing = T，可以让 order 函数反向输出结果——从大到小输出位置信息，输出结果如图 2-11 所示（仅展示 10 个最大值逆序排列的输出结果）。

ID <S3: integer64>	time <chr>	channel <chr>	showname <chr>	duration <int>
825010211365222	00:43:32	优购物	家用电器	80965
825010211382237	01:13:13	金陵热播	以播出为准	80492
825010211363449	00:35:33	CCTV-10	百家讲坛	79024
825010211317317	01:12:34	深圳电视台	武状元苏乞儿	78273
825010211307752	00:29:40	好享购物	好享购	76841
825010211336510	01:33:44	辽宁卫视	历史的进程(6)	75600
825010211337104	00:53:14	CCTV-5	棋牌乐	75293
825010211333921	00:36:12	湖北卫视	螳螂(5)	68105
825010211318500	00:29:19	旅游卫视	谁借我厨房	67395
825010211366177	01:05:22	安徽卫视	一诺倾情(5)	64702

1-10 of 10 rows

图 2-11 程序 2-11 最后一行代码的输出结果

📖 2.5.3 数值变量的分位数

前面我们已经学会了怎么列出变量中的前 n 个值，只需要把 10 改为其他数字即可。与之相类似的是，列出变量中前百分之 n 的值。

R 中没有专门的函数计算百分比，但是有分位数函数（quantile 函数）计算对应百分比位置的数值。因此，我们可以通过比较分位数数值的大小来列出变量中前百分之 n 的值。当然，最后为了美观可以再排序列出即可（读者可以尝试练习）。

注意到程序 2-12 中 quantile 函数有两个参数，第一个参数代表需要进行计算的数值变量，在这里是 iptv 数据集的 duration 变量。第二个参数是代表概率或者比例，也就是说 duration 中有 5% 的数值比计算出的这个数字大。因此，借助 wihch 函数找到所有比计算出的这个数字小的数即可得到前 5% 的最小值。

```
#程序 2-12
#`取得 5% 位置的具体 duration 值`
w<- quantile(iptv $ duration,probs = 0. 05,na. rm = T)
#`取得低于该 duration 值的其他数值变量的位置`
x<- which(iptv $ duration<w)
iptv[x,]
```

具体输出结果如图 2-12 所示。

ID <S3: integer64>	time <chr>	channel <chr>	showname <chr>
825010211307021	20:00:45	天津卫视	悬崖(10)
825010211307021	20:00:45	江苏城市	万家灯火经典回顾
825010211307060	18:28:19	旅游卫视	*NA*
825010211307065	21:16:18	湖南卫视	如意(9)
825010211307072	21:23:29	CCTV-3	星光大道-2011年度总决赛(4)
825010211307083	08:25:38	江苏公共	早安江苏
825010211307083	21:51:11	央视高清	万家灯火平安夜-公安部2012年
825010211307175	20:23:08	CCTV-5	中国男子篮球职业联赛第28轮
825010211307175	21:18:36	CCTV-5	中国男子篮球职业联赛第28轮
825010211307175	21:53:47	东方卫视	劳动最光荣

1-10 of 876 rows | 1 -4 of 5 col...　　　Previous　**1**　2　3　4　5　6　...　88　Next

图 2-12　程序 2-12 最后一行代码的输出结果

2.5.4 自定义函数：数据截断

本节的自定义函数没有加入多余的部分，主要还是基于程序2-8创建的自定义函数，帮助实现数据的截断，并返回新的数据。如程序2-13所示，自定义函数中 data 参数代表需要进行截尾的数据集，index 参数代表数据中需要进行截断的数据变量，m 和 n 分别代表分位数值（大于 0 小于 1）。自定义函数可以帮助我们简化工作过程。

```
#程序 2-13
#`dtrim 为自定义函数`
dtrim<- function(data,index,m,n)
{
q<- quantile(index,probs = c(m,n),na. rm = T)
w<- which(index>q[1]&index<=q[2])
data[w,]
}
dtrim(data=iptv,index=iptv $ duration,m=0. 1,n=0. 9)
```

该自定义函数的特征是截断值与标准差数量。若你的数据量比较少，可以选择截掉5%或10%的数据；若你的数据谬误较多或分布情况严重扭曲，可以截掉 20% 或 25% 的数据，甚至可以根据实际情况自行设定。

②.6 小结

保证数据准确性的第一步是利用 summary 函数进行处理，并查看最大值与最小值。有时候使用图形进行检查也是不错的选择。一旦你完成了这个工作，接下来的工作就依赖于对数值变量设定的合理区间。

处理数值型数据的思路：

（1）缺失值检查。与字符型数据的处理类似，第一步都是需要进行缺失值检查。但是除了 is.na 函数外，对数值型数据还可以使用 summary 函数。

（2）查看基本统计指标。与字符型数据不同，可以通过查看统计指标了解到数值型数据的基本情况，比如最大值、最小值、均值、中位数等。有了这些信息，就能大概了解该数值型数据的基本情况，这有助于后续检查异常值。

（3）异常值剔除。检查了基本统计指标之后，根据实际情况（比如数值变量不允许有负值），就可以开始处理异常数据了（具体情况在下一章进行讲解）。

（4）排序。其实不管是字符型数据，还是数值型数据，在读入数据之后，都应先进行排序（本章讲到的排序函数 order），有助于对数据有一个完整直观的感受。

利用正则表达式检测字符型数据

3. 1 引言

  除了数值型数据，常见的数据集中还存在大量的字符型数据——不同于数值型数据，字符型数据的处理需要完全不同的处理方式——它需要用正则表达式来识别异常值、清洗异常值。正则表达式（regular expression）可以理解为计算机能够识别的常规表达方式，其作用在于简化字符串的表达形式，以尽可能简单的方式表达出字符串的模式。在 R 中，提供了多种不同的函数来使用正则表达式，读者要根据需求有选择地使用。

3.2 正则表达式与 grep 函数

📖 3.2.1 基本语法

本节以 iptv 数据集中的 time 列为例，说明正则表达式的语法。R 中的正则表达式需要用英文输入法下的引号括起来，引号内部可以是汉字、数字、英文字母、标点符号等，也可以是它们的结合，如下是代表 time 列中 0-9 点正则表达式：

"[0-1][0-9]:[0-5][0-9]:[0-5][0-9]"

[0-9] 代表的是 0~9 任意一个数字，其他同理，而 ":" 代表冒号本身。前两个位置的数字代表 time 列的小时数，中间两位数代表 time 列的分钟数，最后两位数代表 time 列的秒数。

当然如果是电话号码一类特别多的数字，这样的正则表达式就会显得很冗长，因此 R 还提供了一种简单的写法，例如：

"[0-9]{1,}"

在 [0-9] 之后出现了 {1,}，代表匹配前面的数字至少出现 1

次，如果是不带有逗号，如 {n} 的意义就是匹配前面的数字精确地出现 n 次。

此外，你还可以用 [A-Z] 代表大写英文字母中的任意一个，用 [A-Za-z] 代表所有大写与小写字母中的任意一个。现在，让我们写一个程序来检查 iptv 数据集中 time 列时间是否符合其应有的模式。

📖 3.2.2　grep 函数

如程序 3-1 所示，grep 函数有四个重要参数。第一个参数代表时间变量的正则表达式模式，第二个参数代表想要利用正则表达式检查的变量，第三个参数 invert＝T 代表返回的是不匹配的数据（若 invert＝F，则返回的是匹配的数据），第四个参数 value＝T 代表返回的是具体的数据（若 value＝F，则返回具体的位置，默认值为 F）。按照程序中的设置，我们最终的输出结果应该是 iptv 时间列变量中与该模式不匹配的数据，并且返回结果是具体的错误数据值，而不是错误数据的位置。如程序 3-1 最后的返回结果所示，有 1 个时间数据中时、分、秒之间是用 "－" 隔开的而非 "："，有三个时间数据中的时、分、秒超出了正则表达式中设定的范围。读者可以自行尝试修改 grep 函数中后两个参数的输入，查看输出结果的变化。

```
#程序 3-1
#用 grep 函数检查 time 列是否有不符合的模式
result1<- grep("[0- 1][0- 9]:[0- 5][0- 9]:[0- 5][0- 9]",iptv $ time,invert =
T,value = T)
result1
[1] "23- 49- 20" "30:49:04" "28:66:33" "36:05:74"
```

📖 3.2.3　grep 函数检查无效的电视节目信息

接下来以 iptv 数据集中的 showname 列为例，检查带有"?"的电视节目信息。

如程序 3-2 所示，grep 函数输出结果为 showname 中带有"?"的行。在这里只有两个参数，第一个参数为正则表达式，但由于"?"是特殊字符所以用两个反斜杠作了注释。具体 result2 的输出结果如图 3-1 所示，共 17 行数据的 showname 列出现了"?"。

```
#程序 3-2
#用 grep 函数检查 showname 列具有"?"的行
w<- grep("\ \?",iptv $ showname)
result2 <- iptv[w,]
result2
```

ID <S3:integer64>	time <chr>	channel <chr>	showname <chr>		duration <int>
825010211311476	18:12:04	江苏影视	寒假剧场：	甄嬛传(44–47)	924
825010211311476	18:27:28	江苏影视	寒假剧场：	甄嬛传(32–35)	2534
825010211311476	20:54:44	江苏影视	寒假剧场：	甄嬛传(36–39)	645
825010211311476	21:12:20	江苏影视	寒假剧场：	甄嬛传(36–39)	2589
825010211311476	22:14:11	江苏影视	寒假剧场：	甄嬛传(36–39)	1391
825010211311476	22:37:22	江苏影视	寒假剧场：	甄嬛传(40–43)	2588
825010211318967	20:01:31	江苏影视	寒假剧场：	甄嬛传(48–51)	117
825010211318967	20:03:28	江苏影视	家庭剧场：	甄嬛传(52)	115
825010211318967	20:05:23	江苏影视	家庭剧场：	甄嬛传(49)	119
825010211318967	20:07:22	江苏影视	寒假剧场：	甄嬛传(48–51)	6061

1-10 of 17 rows   Previous 1 2 Next

图 3-1　程序 3-2 输出结果

3.3 正则表达式与 regexpr 函数

前面提到用 grep 可以检查出来 time 列哪些时间数据不符合常规的时间格式，其实就是判断 time 列的数据模式是否与正则表达式相一致。但是对于所匹配到的数据，想要获得更详细的说明还需要用到 regexpr 函数。简单来讲，R 中的 regexpr 函数可用于准确指出和提取字符串中与正则表达式相一致的部分。

以 iptv 数据集中的频道列 channel 为例，假如我们想要提取频道中"××卫视"前面的省市字符串，可以使用如下代码（见程序 3-3）：

```
#程序 3-3
w <-  regexpr("卫视",iptv $ channel)
test <-  substr(iptv $ channel,1,w- 1)
unique(test)
```

其中，regexpr 的主要参数有两个，第一个参数输入代表着正则表达式，第二个参数代表进行匹配的数据变量，输出结果代表着与正则表达式相匹配的第一个字符的位置。在这里，程序 3-3 中函数 regexpr 的含义是 channel 中每个数据中匹配到"卫"这个元素的位置。但是如果没有匹配到，就会返回一个负数，而接下来的 substr 函数代表着为了得到"××卫视"前面的字符串信息，需要提取从 1 到 w-1 位置的字符串。w-1 代表的就是 channel 变量每个数据中邻近"卫视"的字符串信息。

结果如图 3-2 所示，共 34 个变量，包括黑龙江、天津等。此外，还有空值和缺失值，表示有的频道并不含"卫视"二字，并且有的频道还有缺失值（这种情况暂时不做处理，后续章节会进行清洗）。

```
>    unique(test)
 [1]  " "         "黑龙江 "   "天津 "    "辽宁 "     "江西 "     "江苏 "     "安徽 "     "青海 "
 [9]  "河南 "     "旅游 "     "湖南 "    "深圳 "     "湖北 "     "北京 "     "兵团 "     "广东 "
[17]  "广西 "     "东方 "     "四川 "    "重庆 "     "浙江 "     "山东 "     "山西 "     "优漫卡通 "
[25]  "东南 "     "河北 "     "吉林 "    "贵州 "     "云南 "     "宁夏 "     "西藏 "     NA
[33]  "甘肃 "     "新疆 "
```

图 3-2　程序 3-3 输出结果

3.4 小结

本章的目的是展示 R 中正则表达式的基本用法，熟练掌握正则表达式的技巧有助于处理许多复杂数据清洗问题。其中，grep 函数用来匹配确定一个正则表达式的存在，regexpr 函数则可以用来指出和提取字符串中与正则表达式相匹配的部分。

处理时间与日期类型的数据

4.1 引言

为了保证原始数据的完整性，R 通常会将读入的时间或日期型数据转变为字符型数据。例如，iptv 数据集的 time 列变量，显然 time 列有时、分、秒三个元素，但如果我们检查 time 列变量的类型，就会发现这里的 time 变量是字符型数据。因此想要处理 R 中的时间或日期型变量通常有两种方式：一是完全按照字符型数据进行处理（前述章节已经讲过，这里会再次简单回顾）；二是转变为 R 中的时间或日期型数据进行处理（可以使用 as. POSIXct 或 as. Date 函数等）。内置的 as. Date 函数专门处理日期（无时间），而 POSIXct 和 POSIXlt 则处理日期和时间，同时还能控制时区。因此，在我们将数据读入 R 软件后，有时还需要进一步使用前述的 "as. " 函数将数据转化为对应的日期或时间数据才能进行处理。

除 POSIXlt 是将日期/时间存储为列表（包含时、分、秒等时间值）外，日期都是作为自某一参照日期（一般是自 1970 年 1 月 1 日 0 点 0 分 0 秒起）的天数或者秒数存储在 R 内部的。因此在 R 中日期的实际存储方式是数字。

4.2　处理时间型数据

4.2.1　提取时、分、秒数据

（1）按照字符型数据进行处理。如程序 4-1 所示，我们借助函数 substr 将 time 列中的时、分、秒三部分数据分别提取出来了。以第一行代码为例，substr 函数的作用是按照位置次序提取字符变量中的数据，共有三个参数，iptv $ time 表示的是将要处理的数据变量，数字 1 和 2 分别代表提取数据所处的起止位置。因此借助第一行代码，我们可以将 time 列变量中每行数据的前两个位置的数据提取出来，即小时数，并将其存入新建的变量 h 中。同理，可以将分钟数与秒数分别提取出来，并存入新变量 m 和 s 中。需要注意，提取的时间数据中每个字符都会占据一个长度的位置，读者可以使用 nchar 函数查看变量的长度，用以判断自己想要提取的数据到底在哪些位置。

```
#程序 4-1
iptv $ h <-  substr(iptv $ time,1,2)
iptv $ m <-  substr(iptv $ time,4,5)
iptv $ s <-  substr(iptv $ time,7,8)
iptv $ h <-  as. numeric(iptv $ h)
iptv $ m <-  as. numeric(iptv $ m)
iptv $ s <-  as. numeric(iptv $ s)
iptv $ secs <-  iptv $ h* 3600 + iptv $ m* 60 + iptv $ s
```

虽然我们将数据存入了新的变量，但是还不能将其当作数值进行处理。因为 substr 函数提取后新生产的数据，本质上还是字符数据，需要借助 as. numeric 函数转换为数值型数据，如第 4~第 6 行代码所示。

最后，我们还借助时、分、秒数据生成了新的秒数列 secs，代表 time 列数据的总秒数。

（2）按照 POSIX 类存储的时间数据进行处理。当我们将读入的时间数据改变为 POSIXct 类的时候，可以使用以下方式提取时、分、秒数据，如程序 4-1（补充）所示。

```
#程序 4-1( 补充)
iptv $ time2 <- as. POSIXct(iptv $ time,format = "% H:% M:% S")
iptv $ h2 <- hour(iptv $ time2)
iptv $ m2<- minute(iptv $ time2)
iptv $ s2<- second(iptv $ time2)
iptv $ secs2 <- iptv $ h2* 3600 + iptv $ m2* 60 + iptv $ s2
```

其中 as. POSIXct 函数中第一个参数代表我们要转换为时间数据的变量，第二个参数代表字符串的格式——在这里我们需要明确字符串的格式含义以便电脑识别，其他一些格式代码如表 4-1 所示。

表 4-1　POSIX 类中有关日期与时间的格式代码

代码	含义	代码	含义
%a	普通日的缩略语	%A	普通日的全称
%b	月份的缩略语	%B	月份的全称
%H	十进制小时	%d	十进制日期
%M	十进制分钟	%I	十进制小时
%S	十进制秒	%m	十进制月份
%y	两位数年	%Y	四位数年

程序 4-1（补充）中的 hour、minute 与 second 函数是 data. table 工具包自带的提取时、分、秒数据的函数。除此之外，还有 year、month 以及 day 函数，分别用来提取年、月、日。当然，如果读者仔细查看转换后的时间数据会发现原来的 time 列其实并没有年、月、日，而转换后则默认增加了当天的日期。

📖 4.2.2　识别缺失值

如程序 4-2 所示，借助 table 函数与 is. na 函数的嵌套可以判断变量 h2、m2、s2 与 secs2 中到底有多少缺失值。其中，is. na 函数用来判断输入变量中是否含有缺失值，返回的结果是 TRUE 或者 FALSE，前者代表是缺失值，后者代表不是缺失值。table 则用来统计返回结果中 TRUE 与 FALSE 的频次。结果显示，四个新生成的变量中都存在四个缺失值，这是因为不符合 as. POSIXct 函数中 format 格式的数据都被转换成了缺失值。

```
#程序 4-2
table(is. na(iptv $h2))
table(is. na(iptv $m2))
table(is. na(iptv $s2))
table(is. na(iptv $secs2))
```

4.2.3 识别异常值

如程序 4-3 第 1~3 行代码所示，通过前面的推测，结合 which 函数来判断 time 列是否含有异常情况（时、分、秒数值不能为负值，小时数不能超过 23，分钟与秒数不能超过 59）。

结果显示，iptv 数据集的第 3940、第 6294、第 17840 行数据与常识不符。

```
#程序 4-3
w1 <- which(iptv $ h<0 | iptv $ h>23)
w2 <- which(iptv $ m<0 | iptv $ m>59)
w3 <- which(iptv $ s<0 | iptv $ s>59)
w4 <- which(iptv $ secs<0 | iptv $ secs>86399)
```

4.2.4 处理异常值

鉴于只有三行数据出现异常（数据量较低），可以采用直接删除的办法。因为我们没有更多的信息判断异常值出现的原因，自然也就无法采用修正的方式。

当然，在删除之前，我们还需要再考虑一个问题：如果只是删除这些行的数据，那么实际上包含这些行数据的用户信息已经不完整了。有鉴于此，认为可以连带着包含异常数据的用户所有信息一并删除。

如程序 4-4 所示，第一行代码让我们将异常数据保存在变量 df 中①；第二行代码让我们将所有含有异常数据的 ID 保存在变量 id 中，unique 函数用来去除重复 ID；第三行代码用来判断 iptv 数据集中，有哪些行数据的 ID 存在于变量 id 中，进而判断出包含异常数据的所有 ID 的信息以便我们删除；第四行代码，借助于 R 中的下标，删除所有含有异常数据的 ID 信息。

```
#程序 4-4
df <- iptv[w4,]
id <- unique(df $ ID)
w <- which(iptv $ ID % in% id)
iptv <- iptv[- w,]
```

📖 4.2.5　自定义函数判断缺失值

如程序 4-2 所示，我们做了四次重复的代码工作。在 R 中，其

---

① 因为变量 w4 中包含了三个异常数据，这里只需要适用 w4 作为下标提取异常数据即可。

实可以用一些自定义函数结合 apply 函数族（包括 apply、lapply、tapply 与 sapply）帮助我们减少重复工作。

如程序 4-5 所示，借助 function 函数可以制作自己的自定义函数。这里我们制定了一个统计缺失数据频次的函数 tips。因此，借助 lapply 函数即可一次判断 h、m、s 与 secs 四列数据含有的缺失值数量，结果等同于程序 4-2。其中 lapply 第二个参数代表将要使用的函数 tips，第一个参数代表需要使用 tips 进行处理的数据。

```
#程序 4-5
tips <- function(data){table(is. na(data))}
lapply(iptv[,6:9],tips)
```

在程序 4-5 第一行代码中，function 函数后"（ ）"中的 data 代表"｛｝"中所要处理的数据，而"｛｝"中的函数返回的结果就是我们自定义函数 tips 最终返回的结果。

4.3 处理日期型数据

R 的日期存储形式是数值变量，表示从固定时间点（1970 年 1

月 1 日）开始的天数。但与时间类型数据一样，读入之后通常存储为字符类型，因为这样可以最大限度保持数据原型。当然，读入数据后可以通过 as. Date 函数将其再转化为日期型数据。需要注意的是，若日期数据本身存在无效值（比如 "2020-03-35"），则该数据就会转为缺失值。在讨论涉及日期的数据清理操作之前，让我们花点时间讨论一下日期的格式问题。

📖 4.3.1　日期的格式

　　了解日期的格式可以确保读者能恰当使用 as. Date 函数。表 4-2 是 R 中表示日期的常用字符形式。

表 4-2　日期数据常用格式说明

格式	含义
%Y	年份，用 4 位数字表示
%y	年份，用后两位数字表示
%m	月份，以数字形式表示
%B	月份，以完整英文形式表示
%b	月份，以缩写英文形式表示
%d	月份中的天数

　　以字符串 "01/28/2020" 为例，想要转换成日期数据，可以使用代码 "as. Date("01/28/2020",format ="% m/% d/% Y")"。format 参

数中的字符形式对应着前面日期字符串中的所有字符，除年、月、日之外，其他字符保持原型①。

📖 4.3.2　paste 函数与非标准格式的日期

有时候日期数据被分成年、月、日三个变量读入到 R 中，此时读者可以将年、月、日三个变量组合到一起，再转化成日期数据即可，如程序 4-6 所示。

```
#程序 4-6
mydates<- paste("2021","01","01",sep="-")
mydates<- as. Date(mydates)
mydates
[1] "2021-01-01"
```

当然，以上示例较为简单，paste 函数中也可以输入数据集中的变量，进而将多个变量中的数据合而为一，如 paste(iptv $ h,iptv $ m, iptv $ s,sep=":")，读者可以自行尝试。其中，sep 代表将多个变量数据分隔开的符号，示例中属于常见的符号，读者可以根据需求自行设置。

---

① 使用 rang 函数可以很方便地查看日期数据变量的范围，能帮助确定日期数据的正确与否。

4.4 小结

在 R 中对时间或日期进行数据清洗时完全可以将其当作字符型变量进行处理，只是需要考虑日期数据本身的特点创造性地消除异常问题，需要注意的是时、分、秒或年、月、日三个信息。当然，读者应根据不同的情景选择适合的方式。其实处理日期或时间数据，还有一个专门的工具包（lubridate），读者可以自行学习尝试。

重复数据及其异常值

(5. 1) 引言

除了常见的缺失值、异常值等，每个数据集中还可能存在重复值——通常我们很难通过直观的手段消除掉这些重复数据，而 R 提供了 unique 与 duplicated 两个基本的去重函数。

但有时还需要进一步判断到底仅仅是观测行中的某些变量的重复，还是观测行中的所有数据都是重复的。例如，在 iptv 数据集中相同的用户 ID 会出现很多次，但不代表这些观测行就是重复值。相反，通过第 1 章中变量之间关系的梳理，我们可以判断这些重复 ID 代表该用户在不同时间段观看了不同的电视节目。

显然，上述情况并不是真正的、需要消除的重复数据，而且通过重复数据分析，还会带来更多的有用信息。例如，我们可以分析每个用户 ID 观看了多少电视节目，并提取出观看了两次电视节目的用户 ID 等。

5.2 消除完全重复的数据

为了演示消除重复数据，特意从 iptv 数据集中生成了重复观测数据集 df。这些观察结果如图 5-1 所示，共 10 个观测，后五行完全重复前五行[①]。

```
>         df
            ID          time      channel                    showname    duration
                                  CCTV-1
1:  8250102113070 12  09:44:14     CCTV-1              魔幻手机(10)           1515
2:  8250102113070 12  10:09:29     CCTV-5      国际田联室内大奖赛-纽约站        118
3:  8250102113070 12  10:11:27   黑龙江卫视              悬崖(5)              332
4:  8250102113070 12  10:16:59   黑龙江卫视           爱情睡醒了(23)          1543
5:  8250102113070 12  11:04:43     CCTV-7              军营大舞台             46
6:  8250102113070 12  09:44:14     CCTV-1              魔幻手机(10)           1515
7:  8250102113070 12  10:09:29     CCTV-5      国际田联室内大奖赛-纽约站        118
8:  8250102113070 12  10:11:27   黑龙江卫视              悬崖(5)              332
9:  8250102113070 12  10:16:59   黑龙江卫视           爱情睡醒了(23)          1543
10: 8250102113070 12  11:04:43     CCTV-7              军营大舞台             46
```

图 5-1　生成的重复数据

要自动消除 df 数据集中的多个完全重复的数据，可以采用程序 5-1 中的办法。unique 函数去除了 df 中的五行重复数据，仅保留了

────────────

① 可以使用程序来生成重复数据集 df。具体代码为：df1 <- iptv[1:5,]; df <- rbind (df1,df1)。

剩余的五行数据。

```
#程序 5-1
#利用 unique 函数
df2 <- unique(df)
df2
```

如图 5-2 所示，可见重复的五行数据都已经完全消除了。

```
>      df2
       ID         time      channel                    showname      duration
1:  825010211307012  09:44:14    CCTV-1            魔幻手机(10)        1515
2:  825010211307012  10:09:29    CCTV-5    国际田联室内大奖赛-纽约站      118
3:  825010211307012  10:11:27   黑龙江卫视            悬崖(5)          332
4:  825010211307012  10:16:59   黑龙江卫视         爱情睡醒了(23)       1543
5:  825010211307012  11:04:43    CCTV-7            军营大舞台           46
```

图 5-2   消除重复数据的结果

⑤.3 计算用户 ID 的重复频次

📖 5.3.1   as. data. frame 函数与 table 函数

在 iptv 数据集中可以看到，用户 ID 列有很多重复的数据，但这些重复数据并不需要消除。之所以出现重复用户 ID 是因为同一个用户可能在不同的时间观看了电视节目。那么问题来了，每个用户到底观看了多少电视节目呢?

实际上，通过计算用户 ID 的重复次数就可以知道结果了。在 R 中可以很容易实现这一点。如程序 5-2 所示，其中 as. data. frame 函数中的参数 stringsAsFactors = F 代表 table 函数形成的 ID 名称无须转化为因子型变量①。

```
#程序 5-2
#`利用 as. data. frame 函数,形成数据框结构`
df<- as. data. frame(table(iptv $ ID),stringsAsFactors = F)
df
```

程序 5-2 输出的部分结果如图 5-3 所示：可以看到每个用户观看的电视节目数量是有差异的，其中数据集中的 Var1 代表 ID 名，Freq 代表出现频次。不同的结果代表每个 ID 观看了多少次电视节目，同样也代表每个 ID 在数据集中出现了多少次。例如：Freq 等于 1，则代表该 ID 的数据出现了 1 次，换而言之，用户当天只打开了一次电视，只关闭了一次电视。

---

① 之所以设置该参数，因为后续程序会用到字符型 ID，这样设置可以减少工作量。

Var1 <fctr>	Freq <int>
825010211307012	22
825010211307021	10
825010211307060	12
825010211307065	3
825010211307072	11
825010211307074	2
825010211307079	2
825010211307083	41
825010211307092	10
825010211307153	6

图 5-3　程序 5-2 的输出结果

　　通常利用这种 ID 的唯一性并借助 table 函数的频次统计功能，是检查用户数据出现次数的有效方法。当然，更进一步地，我们还可以将特定观看次数的 ID 数据提取出来（如 ID 仅出现一次的用户数据），具体如程序 5-3 所示：

```
#程序 5-3
w <- which(df $ Freq==1)
id <- df[w,] $ Var1
iptv $ ID <- as. character(iptv $ ID)
df2 <- subset(iptv,ID % in% id)
head(df2)
```

前两行代码分别代表：确定出现一次的 ID 位置、确定出现一次的 ID 名称。第三行代码表示将 iptv 数据集中的 ID 数据转换为字符型，这是因为在程序 5-2 生成的数据集 df 中，ID 名称（Var1）是字符型，为了后续提取数据方便特运行该行代码。第四行代码表示将 iptv 数据集中所有 ID 仅出现一次的用户提取出来了，并存入数据集 df2 中。需要注意的是，在 subset 函数中，第二个条件判断用到 "%in%"，其含义是提取的数据集的 ID 都包含在数据集 id 中（代表一种批量化操作的技巧）。

部分结果如图 5-4 所示。

```
>    head (df2)
              ID        time      channel           showname     duration
1:   825010211307420  19:33:23   北京卫视           看气象          539
2:   825010211307892  07:57:13   CCTV-3     2012年春节戏曲晚会      5684
3:   825010211308193  19:20:57   南京教科          法治现场         4728
4:   825010211308255  20:42:31   CETV-1          神雕侠侣(20)       3923
5:   825010211311546  14:18:12   CCTV-1     2012年春节联欢晚会(2)    899
6:   825010211311683  22:22:58  CCTV-9纪录   地球最后的净土(2)      2340
> |
```

图 5-4　程序 5-3 的输出结果

📖 5.3.2　利用 data. table 包生成用户 ID 重复频次

在上文中，我们利用分步骤的方式提取了出现一次 ID 的用户数据。在这里，我们采用 data. table 包来实现上述功能，且更加简单，仅需要两行代码。如程序 5-4 所示，第一行代码主要有两个参数，第一个逗号前无须加任何参数；第二个逗号后的参数代表按照 ID 进行分组计算。第一个逗号和第二个逗号之间的参数代表将要在 iptv 数据集中生成新的变量——名称为 freq，对其赋值的结果为统计每个 ID 出现的 time 次数（相当于统计 ID 出现的次数），赋值方式为"：="。第二行代码代表提取 freq 等于 1 的用户数据。

```
#程序 5-4
iptv[,freq:=length(time),by=ID]
iptv[freq==1,]
```

结果如图 5-5 所示，读者可以将其与上述结果 df2 进行对比。

ID <chr>	time <chr>	channel <chr>	showname <chr>	duration <int>	freq <int>
825010211307420	19:33:23	北京卫视	看气象	539	1
825010211307892	07:57:13	CCTV-3	2012年春节戏曲晚会	5684	1
825010211308193	19:20:57	南京教科	法治现场	4728	1
825010211308255	20:42:31	CETV-1	神雕侠侣(20)	3923	1
825010211311546	14:18:12	CCTV-1	2012年春节联欢晚会(2)	899	1
825010211311683	22:22:58	CCTV-9纪录	地球最后的净土(2)	2340	1
825010211311858	20:44:27	测试节目1	以播出为准	8617	1
825010211317823	23:33:16	南京生活	家仇27	−83552	1
825010211318500	00:29:19	旅游卫视	谁借我厨房	67395	1
825010211318841	21:38:41	安徽卫视	转播中央台新闻联播	2197	1

1-10 of 89 rows　　　　　　　　　　Previous　1　2　3　4　5　6　... 9　Next

图 5-5　程序 5-4 的输出结果

⑤.④ 连续观看两次的用户

　　了解用户的 time 列数据是否存在相等的情况，可以知道哪些用户在快速切换频道（如若观看持续时间为 0，则 time 列没有变化）。通过 ID 分组，再次获得去重后每个用户中的 time 频次，记为 freq2（见程序 5-5 中的第一行代码），可以得知 freq 与 freq2 的结果是否相等。若两者相等，则说明用户并未快速切换频道；若后者频次小于前者频次，则表示去除了一部分重复观看时间的频次，说明用户曾经快速切换过频道。

　　具体实现如程序 5-5 所示。

```
#程序 5-5
iptv[,freq2:=length(unique(time)),by=ID]
w <- which(iptv $ freq > iptv $ freq2)
iptv[w,]
```

　　结果如图 5-6 所示。

ID <chr>	time <chr>	channel <chr>	showname <chr>	duration <int>	freq <int>	freq2 <int>
825010211307021	00:48:27	青海卫视	康熙微服私访记(17)	362	10	9
825010211307021	00:54:29	河南卫视	螳螂(5)	23	10	9
825010211307021	00:54:52	大众影院	天国王朝–中1	59091	10	9
825010211307021	17:22:17	CCTV–4	远方的家	7	10	9
825010211307021	17:22:24	CCTV–5	斯诺克大师赛精选	89	10	9
825010211307021	17:23:53	CETV–1	动漫剧场	358	10	9
825010211307021	17:29:51	江苏体育	休闲物语	10	10	9
825010211307021	17:30:01	天津卫视	悬崖(10)	1782	10	9
825010211307021	20:00:45	天津卫视	悬崖(10)	0	10	9
825010211307021	20:00:45	江苏城市	万家灯火经典回顾	0	10	9

1-10 of 9,983 rows　　　　　　　　Previous　1　2　3　4　5　6　...　100　Next

图 5-6　程序 5-5 的输出结果

(5.5) 小结

如果数据集具有重复的观测值或重复的 ID 值，则可以使用 table 函数进行检测，用 unique 函数进行去重工作。如果需要分组计算数据频次，则需要借助一些特殊的编程工具包，如 dplyr 工具包。

多数据集处理

6.1 引言

　　本章介绍涉及多个数据集或文件的数据清洗技术，主要包括同一 ID 的检查、数据的合并以及匹配。同一 ID 检查，是指可以检查多个数据集的某一个变量是否相同，当然也可以扩展到多个变量的检查。数据的合并，是指出于某些原因我们需要合并两个或多个数据集以便集中处理，一般情况下可以不考虑数据集的变量是否相同（按行合并的除外，这需要变量名完全相同）。数据匹配，是指借助于两个数据集中的"同一 ID 变量"进行连接，仅合并具有相同 ID 变量的数据以获得更多的变量信息，具体内容见后续章节。

6.2 同一 ID 检查

　　在商业数据分析中，通常会用到多个数据集，并且数据集之间可能具有相同的 ID。借助同一 ID 检查我们可以判断数据是否出现了这种具有同一 ID 的情况，以便为后续的数据合并或匹配提供更多的数据信息。这里我们生成了两份数据 df1 与 df2，并检查 df1 中的 ID 是否也存在于 df2 数据中，具体如程序 6-1 所示：

```
#程序 6-1
df1 <- iptv[1:10,]
df2 <- iptv[11:30,]
#`判断数据集 df1 的 ID 是否也存在于 df2 中,并返回位置的逻辑值`
cond <- which(df1 $ ID % in% df2 $ ID)
cond
[1]  1  2  3  4  5  6  7  8  9  10
```

　　结果显示 df1 中的 10 行数据中的 ID 都存在于 df2 中。通过 which 函数可以很容易就判断出，df1 中哪些 ID 也存在于 df2 中，并且返回这些 ID 的具体索引位置。

6.3 数据合并

我们需要借助 iptv 数据集生成两个数据集，具体如程序 6-2 前两行代码所示。

```
#程序 6-2
df1 <- iptv[1:10,]
df2 <- iptv[11:22,]
df <- rbind(df1,df2)
df
```

数据集 df1 与 df2 分别有 10 个与 12 个观测，其实同属于 ID 825010211307012 观看电视节目的数据信息。因此如果要处理该 ID 的数据，就需要将两个数据集合并在一起才行。在这里我们可以借助于 rbind 函数，具体代码如程序 6-2 第三行代码所示。

借助于 rbind 函数将数据集 df1 与 df2 按行合并成一个数据集，存储在变量 df 中，现在 df 数据集共 22 个观测。实际上 rbind 也可以合并两个以上的数据集，但需要注意的是使用 rbind 函数需要合并的数据集列数是相同的。

除此之外，还有另一种合并数据的方式。它不需要变量名相同，只需要观测值数量相等即可，也就是按列合并。具体如程序6-3所示。

```
#程序6-3
df1 <- iptv[1:22,c(1:2)]
df2 <- iptv[1:22,c(3:5)]
df <- cbind(df1,df2)
```

在这里先截取了 ID 825010211307012 中的前两列和后三列数据，最后借助 cbind 函数将其合并在一起，需要注意 cbind 函数需要合并的数据集行数是相等的。

6.4 数据匹配

有时需要根据某些信息，如匹配相同的 ID，选择性地将两个数据集连接在一起。如程序6-4所示，第三行代表借助 data. table 包的内连接（inner join）功能，将 df2 数据集中与 df1 数据集的 ID、channel 相同的数据连接在一起。并且，nomatch = NULL 的含义是如果没有匹配到数据，就不再返回结果（如果不加入该参数，则会返回所有匹配的 ID 与 channel 结果，即使匹配到的数据除 ID、channel 之外没有任何数据）。

```
#程序 6-4

df1 <- iptv[1:10,]

df2 <- iptv[11:30,]

df <- df1[df2,on = c("ID","channel"),nomatch = NULL]

df
```

具体结果如图 6-1 和图 6-2 所示。对比图 6-1 与图 6-2 可以发现，当不存在 nomatch 参数的时候，合并的结果会生成许多原本并不存在的数据。

```
>   df
          ID     time    channel   showname duration   i. time          i. shownameduration
1: 825010211307012 10:11:27 黑龙江卫视        悬崖(5)  332 16:00:44 黑龙江电视台春节联欢晚会 8820
2: 825010211307012 10:16:59 黑龙江卫视 爱情睡醒了(23) 1543 16:00:44 黑龙江电视台春节联欢晚会 8820
3: 825010211307012 10:11:27 黑龙江卫视        悬崖(5)  332 18:28:37           乡村爱情前传(1) 3547
4: 825010211307012 10:16:59 黑龙江卫视 爱情睡醒了(23) 1543 18:28:37           乡村爱情前传(1) 3547
5: 825010211307012 10:11:27 黑龙江卫视        悬崖(5)  332 20:21:00         乡村爱情小夜曲(17)    3
6: 825010211307012 10:16:59 黑龙江卫视 爱情睡醒了(23) 1543 20:21:00         乡村爱情小夜曲(17)    3
```

图 6-1　有 nomatch = NULL 的合并结果

```
> df <- df1 [df2, on=C("ID","channel ")
> df
           ID     time    channel   showname duration   i. time        i. showname  i. duration
1: 825010211307012  <NA>   南京信息      <NA>    NA 13:11:50         东方购物      4
2: 825010211307012  <NA>   优购物        <NA>    NA 13:11:54         家用电器     13
3: 825010211307012  <NA>   江苏城市      <NA>    NA 13:12:07         万家灯火      2
4: 825010211307012  <NA>   江苏综艺      <NA>    NA 13:12:09 老同志春节联欢会 2434
5: 825010211307012  <NA>   辽宁卫视      <NA>    NA 13:56:18 还珠格格之风儿阵阵吹(1) 2142
6: 825010211307012  <NA>   江西卫视      <NA>    NA 14:32:00         活佛济公(40)  124
7: 825010211307012  <NA>   辽宁卫视      <NA>    NA 14:34:04 还珠格格之风儿阵阵吹(2) 4719
8: 825010211307012 10:11:27 黑龙江卫视        悬崖(5)  332 16:00:44 黑龙江电视台春节联欢晚会 8820
9: 825010211307012 10:16:59 黑龙江卫视 爱情睡醒了(23) 1543 16:00:44 黑龙江电视台春节联欢晚会 8820
10: 825010211307012 10:11:27 黑龙江卫视        悬崖(5)  332 18:28:37        乡村爱情前传(1) 3547
11: 825010211307012 10:16:59 黑龙江卫视 爱情睡醒了(23) 1543 18:28:37        乡村爱情前传(1) 3547
12: 825010211307012 10:11:27 黑龙江卫视        悬崖(5)  332 20:21:00      乡村爱情小夜曲(17)    3
13: 825010211307012 10:16:59 黑龙江卫视 爱情睡醒了(23) 1543 20:21:00      乡村爱情小夜曲(17)    3
14: 825010211307012  <NA>   江苏卫视      <NA>    NA 20:21:03 幸福剧场：怪侠欧阳德(39)  28
15: 825010211307012  <NA>   安徽卫视      <NA>    NA 20:21:31    幸福三颗星(19) 1274
```

图 6-2　无 nomatch = NULL 的合并结果

6.5 数据集提取与自动保存

有时候，我们需要将完整的数据集按照条件分别提取保存，以便后续使用。但由于数据量较大，如果一个个提取再保存会花费大量时间，此时就需要用 for 循环来简化重复性工作。这里，我们以 iptv 数据集为例（接第 1 章程序 1-7），将每个电视频道的数据分别存储起来，且存储的数据集以电视频道本身的名字命名，具体如程序 6-5 所示。

```
#程序6-5
channel <- unique(iptv $ channel)
n <- length(channel)
for(i in 1:n)
{ x <- channel[i]
y <- subset(iptv,channel==x)
write. csv(y,file=paste(x,". csv"),row. names=F)}
```

运行上述程序，读者可以回头查看原始设置的工作空间（如果已经设置好）会出现 iptv 数据集中所有的频道数据已经分门别类自动保存完成。其中，第一行程序代表先将 iptv 中所有的 channel 列频道名称存储在变量 channel 中。第二行程序用来计算到底有多少个频道，以便设置 for 循环的次数。从第三行开始设置 for 循环工作，x 变量用来存储每次循环时的电视频道，y 变量用来存储每次循环时提取的 iptv 中的某个频道的数据信息，write. csv 则用来存储每个电视频道的信息。与之前讲的存储函数不同之处在于：这里我们借助 paste 函数为 write. csv 函数中的参数 file 赋予不同的变量名，以便存储为不同的电视频道数据名字。

6.6 小结

本章描述了如何判断 ID 是否存在于两个数据集中。如何按行或按列合并数据集，借助 rbind 与 cbind 函数很容易实现这一点。对于数据匹配，可以借助 data. table 包。除此之外，还有 dplyr 包中的许多函数也能实现这些功能，但当数据量较大的时候，data. table 包的运行速度更快。

7 用户分析与数据清洗工作

7.1 引言

前面章节讲述了多种数据清洗技术，而后续章节将以具体的数据分析目标为基础正式开展数据分析工作。本章对应第 1 章中 1.5 节用户分析的内容，即对比不同组别的用户观看电视频道或电视节目的持续时间均值、中位数、最大值与最小值；对比不同组别的用户当天切换频道的次数。

7.2 异常值识别

需要判断是否存在异常值，包括缺失值、空值、特殊值（如

999）以及不符合现实经验的数据等。

📖 7.2.1　识别缺失值与空值

R 关于空值的处理有一种非常实用的方式，即在读入数据集的时候就将其转换为缺失值，这样当作缺失值进行识别即可。具体方式如程序 7-1 所示。

```
#程序 7-1
iptv <- fread("iptv. csv", header = F, sep =",", encoding = "UTF - 8",
na. strings = c("NULL","","null","na","NA"))
names(iptv) <- c("ID","time","channel","showname","duration")
head(iptv)
table(is. na(iptv $ showname))
w <- which(is. na(iptv $ showname))
```

在读入函数的代码中，使用参数 na. strings 即可将 iptv 数据集中某些标识形式转化为缺失值，如 NULL、null、NA，甚至是空值——用双引号代替，引号中没有任何内容。

之后再借助 table 函数与 is. na 函数识别变量中是否有缺失值或 which 函数结合 is. na 函数判断缺失值出现的行数。这里用 showname

列做了示范（共 406 个缺失值），其他列变量处理方式相同，读者可以进行尝试①。

其中，na. strings 参数中可以设置更多的变量，比如一个空格" "或两个空格"   "等。读者可以根据处理需要将某些标识形式转变为缺失值进行处理。当然，在"程序 7-1"中设置的形式已经足够。

另外对于特殊值，比如有的数据集中会用 999 代替缺失值，可以继续在 na. string 参数中加入" 999"。此外，还可以利用条件进行判断，如 cond <- iptv $ ID = = 999，识别 ID 中哪些行有 999。

📖 7. 2. 2　识别与现实经验不相符的异常值

就 iptv 数据集而言，现实经验主要包括 time 列与 duration 列。在 time 列中，小时数范围在 0~23，分钟和秒数的范围在 0~59，不能为负。在 duration 列中，观看持续时间范围在 0~86399，且不能为负。

（1）识别与 time 列现实经验不相符的异常值。鉴于在 iptv 数据集中，time 列在 R 中是存储为字符型的数据，无法进行数值大小的

---

①　ID 列无缺失值；time 列无缺失值；channel 列有 14 个缺失值；duration 列有 100 个缺失值。为简便起见，这里不再展示代码。

判断，因此需要先将 time 列中的时、分、秒提取出来，生成三列代表时、分、秒的数值才能进行下一步的识别工作，具体如程序7-2所示。

```
#程序 7-2
iptv $ h <- substr(iptv $ time,1,2)
iptv $ m <- substr(iptv $ time,4,5)
iptv $ s <- substr(iptv $ time,7,8)
iptv $ h <- as. numeric(iptv $ h)
iptv $ m <- as. numeric(iptv $ m)
iptv $ s <- as. numeric(iptv $ s)
iptv $ secs <- iptv $ h*3600 + iptv $ m* 60 + iptv $ s
iptv
```

提取时、分、秒数据，并转变为数值型数据主要需要两个函数：substr 与 as. numeric。前者帮助我们将 time 列中的时、分、秒数据分别提取出来，并生成新的数据列存储在 iptv 数据集中，后者帮助我们将提取的时、分、秒数据转变为数值型数据，以便进行数值判断。当然，程序 7-2 第七行代码是计算生成的具体某个时刻代表的总秒数，主要用来备用——这是很容易计算出来的。新生成的 iptv 数据集如图 7-1所示。

ID time <S3:integer64> <chr>	channel <chr>	showname <chr>	duration <int>	h <dbl>	m <dbl>	s <dbl>	secs <dbl>
825010211307012 09:44:14	CCTV-1	魔幻手机(10)	1515	9	44	14	35054
825010211307012 10:09:29	CCTV-5	国际田联室内大奖赛-纽约站	118	10	9	29	36569
825010211307012 10:11:27	黑龙江卫视	悬崖(5)	332	10	11	27	36687
825010211307012 10:16:59	黑龙江卫视	爱情睡醒了(23)	1543	10	16	59	37019
825010211307012 11:04:43	CCTV-7	军营大舞台	46	11	4	43	39883
825010211307012 11:05:29	南京少儿	天天快乐岛(复)	1333	11	5	29	39929
825010211307012 12:01:28	天津卫视	12点报道	3028	12	1	28	43288
825010211307012 12:51:56	CCTV-2	经济与法周末版	907	12	51	56	46316
825010211307012 13:07:03	CCTV-5	国际乒联职业巡回赛-斯洛文尼亚站	256	13	7	3	47223
825010211307012 13:11:19	南京新闻	下午剧场:杨贵妃秘史5-8	31	13	11	19	47479

1-10 of 18,064 rows　　　　　　　Previous 〔1〕 2　3　4　5　6　... 100 Next

图 7-1　iptv 数据集的部分结果

有了这些时、分、秒的数值变量之后，我们就可以进行判断，识别其是否符合现实中的经验，具体如程序 7-3 所示。

```
#程序 7-3
w1 <- which(iptv $ h<0 | iptv $ h>23)
w2 <- which(iptv $ m<0 | iptv $ m>59)
w3 <- which(iptv $ s<0 | iptv $ s>59)
w4 <- which(iptv $ secs<0 | iptv $ secs>86399)
```

通过程序 7-3 中的逻辑判断式子，结合 which 函数，我们就可以知道，这些数据中哪一行的时间与现实经验是不相符的，具体结果如图 7-2 所示。可以注意到，w1 显示共有三行观测出现异常，w2 与 w3 显示仅一行观测出现异常[①]，且分钟数与秒数出现异常的观测

---

① w2 与 w3 的数据中出现了大写的 L，其实代表的就是整型变量的意思，看作整数即可。

行数在小时数异常的观测中也出现了，说明整体其实就三行数据出现异常。

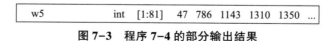

图 7-2 程序 7-3 的输出结果

（2）识别 duration 列与现实经验不相符的异常值。这里就较为简单了，因为我们只需要判断 duration 是否在 0 ~ 86399 这个范围内即可，方法同上。具体如程序 7-4 所示。

```
#程序 7-4
w5 <- which(iptv $ duration < 0 | iptv $ duration > 86399)
```

结果如图 7-3 所示，显示共有 81 行数据中的 duration 列出现了异常。

w5	int [1:81] 47 786 1143 1310 1350 ...

图 7-3 程序 7-4 的部分输出结果

⑺.③ duration 变量清洗与组别划分

在上文中，我们识别出 duration 变量有 100 个缺失值出现，且有 81 行的数据与常识不符（其实仅有负值出现，读者可以进一步尝试判断）。为了不影响组别划分的结果，需要在此之前对其进行数据清洗：删除或修正。

（1）想要删除的话，一般需要判断异常值占总数据的比例，就该异常值而言仅占总数据量的百分之一左右，可以考虑删除。

（2）想要修正的话，一般需要判断异常数据出现的原因，按照逻辑逆向推理出修正的方式即可。就本数据而言，duration 变量出现负值的原因有极大可能是观看时间跨天了，因此原始数据中前后两个观看时间相减出现了负值，所以修正的办法就是在 duration 的负值中加上 86400 即可。但对于缺失值，并没有更多的信息帮助我们进行修正，所以只能考虑删除。

做完数据清洗工作，我们就可以按照前文提到的方式（按照 24 小时内的总观看时长的均值与中位数）将用户划分为低、中、高三组的目标，对用户按照 24 小时内总的观看时长进行分组。

📖 7.3.1 删除异常数据与组别划分

（1）删除异常数据。接程序 7-4，删除的办法如程序 7-5 所示。

```
#程序 7-5
df1 <- iptv[- w5,]
w6 <- which(df1 $ h > 23)
df1 <- df1[- w6,]
summary(df1 $ duration)
```

程序 7-5 中第一行代码，剔除异常数据后将新数据存在名为 df1 的变量中。此外，考虑到 time 列也可能会对分组结果产生影响，通过第二行代码①，我们再次判断新数据 df1 中的 time 列是否还存在异常值，w6 显示存在 3 行数据仍有异常值，于是借助第三行代码进行删除，并将清洗后的数据存入 df1 中。最后查看 df1 中 duration 变量的数据基本情况。可以看到除缺失值外，无其他异常情况存在了，如图 7-4 所示。

通过前述分析，我们已经了解到没有更多信息判断缺失值出现的原因，所以只能删除，具体代码如程序 7-6 所示。

---

① 只需要判断小时数即可，因为 time 列其他异常情况与小时数异常都是同时出现的。

Min.	1st Qu.	Median	Mean	3rd Qu.	Max.	NA' S
0	15	99	1093	884	80965	97

图 7-4   删除部分异常数据之后的 duration 变量概况

```
#程序 7-6
w7 <- which(is. na(df1 $ duration))
df1 <- df1[- w7,]
```

（2）组别划分。组别划分主要分为两步工作：第一步是根据用户 24 小时总观看时间进行分组，第二步是连接原数据。具体如程序 7-7 所示，借助 data. table 包的分组计算功能，分组参数为 by = ID，生成一个新数据 user——共两列数据：ID 与 sum，其中 sum 代表的是原始数据 df1 中每个 ID 的 duration 之和。程序 7-7 中显示了数据 user 中用户总观看时间的概况，最小值为 0，中位数为 10152，第三分位数为 22332，最大值为 81617 等。

```
#程序 7-7
user <- df1[,. (sum = sum(duration)),by = ID]
summary(user $ sum)
user $ group <- cut(user $ sum,breaks = c(- 1,10152,22332,81617),
labels = c("低","中","高"))
df1_group <- df1 [user, on = "ID"]
```

如程序 7-7 所示，我们借用 cut 函数将 user 数据按照总观看时长 sum 进行分组并生成分组标签，其中 cut 函数中第一个参数代表需要进行分组的变量——为 user 中的 sum 列，第二个参数代表分组临界值——这里我们给出了 4 个临界点将其划分为三组①，第三个参数代表分组后的标记名称，分别为低中高三组，变量名记为 group。

至此，我们已经按照用户总观看时长将其分组完毕，但是注意到我们是在新数据 user 中分组完毕，而原始数据 df1 中并未设置分组变量。由于 user 与 df1 两个数据集其实拥有一个共同的变量 ID，我们可以将 user 与原始数据 df1 连接起来，进而为 df1 建立分组变量。

所以，我们的第二步工作就是借助 data.table 包的右连接方式为 df1 数据中每个用户建立分组变量，具体如程序 7-7 所示，并将连接后的数据存入变量 df1_group 中，新生成数据如图 7-5 所示。注意，新生成的数据产生了新的变量 sum 与 group——其实就是 user 中的变量，只不过我们通过 ID 将两个数据连接在了一起。

① 注意，临界值中的最大值与最小值范围都有所扩展以便将所有数据包含在内。

ID <S3:integer64>	time <chr>	channel <chr>	showname <chr>	duration <int>	h <dbl>	m <dbl>	s <dbl>	secs <dbl>	sum <int>	group <fctr>
825010211307012	09:44:14	CCTV-1	魔幻手机(10)	1515	9	44	14	35054	32219	高
825010211307012	10:09:29	CCTV-5	国际田联室内大奖赛–纽约站	118	10	9	29	36569	32219	高
825010211307012	10:11:27	黑龙江卫视	悬崖(5)	332	10	11	27	36687	32219	高
825010211307012	10:16:59	黑龙江卫视	爱情睡醒了(23)	1543	10	16	59	37019	32219	高
825010211307012	11:04:43	CCTV-7	军营大舞台	46	11	4	43	39883	32219	高
825010211307012	11:05:29	南京少儿	天天快乐岛(复)	1333	11	5	29	39929	32219	高
825010211307012	12:01:28	天津卫视	12点报道	3028	12	1	28	43288	32219	高
825010211307012	12:51:56	CCTV-2	经济与法周末版	907	12	51	56	46316	32219	高
825010211307012	13:07:03	CCTV-5	国际乒联职业巡回赛–斯洛文尼亚站	256	13	7	3	47223	32219	高
825010211307012	13:11:19	南京新闻	下午剧场:杨贵妃秘史5–8	31	13	11	19	47479	32219	高
825010211307012	13:11:50	南京信息	东方购物	4	13	11	50	47510	32219	高
825010211307012	13:11:54	优购物	家用电器	13	13	11	54	47514	32219	高
825010211307012	13:12:07	江苏城市	万家灯火	2	13	12	7	47527	32219	高

1-13 of 17,883 rows　　　　Previous 〔1〕 2　3　4　5　6 …77 Next

图 7-5　分组后的数据 df1_group

7.3.2　修正异常数据与组别划分

（1）作为删除异常数据的对比：修正异常数据。接程序 7-3，修正的办法如程序 7-8 所示。为了区分前述用的变量名，我们用 df2 来代替新修正的数据。如前三行代码所示，首先去除无法修正的数据，包括小时数大于 23 的数据以及缺失值，其次考虑将出现负值的 duration 变量加上 86400 进行修正，而不是删除。

```
#程序 7-8
df2 <- iptv[- w1,]
w7 <- which(is. na(df2 $ duration))
df2 <- df2[- w7,]
w8 <- which(df2 $ duration < 0)
df2[w8,] $ duration <- df2[w8,] $ duration + 86400
summary(df2 $ duration)
```

如图 7-6 所示，相对于删除异常值的结果（见图 7-4），除最小值、最大值与第一分位数外，其他均值、中位数之类的指标大小都发生了变化。

Min.	1st Qu.	Median	Mean	3rd Qu.	Max.
0	15	101	1102	895	80965

图 7-6　修正数据后 duration 变量的概况

（2）组别划分。经过前述处理之后，分组过程与程序 7-7 类似，具体如程序 7-9 所示。当然，由于 user 与 user2 中 sum 变量最大值、中位数与第三分位数不同，所以组别划分临界点是不同的（读者可以通过第二行中的 summary 函数计算得出临界值）。

```
#程序 7-9
user2 <-  df2[,. (sum=sum(duration)),by=ID]
summary(user2 $ sum)
user2 $ group <-  cut(user2 $ sum,breaks = c(- 1,10325,15830,84680),
labels = c("低","中","高"))
user2
df2_group <-  df2 [user2, on="ID"]
df2_group
```

结果如图 7-7 所示。

IDtime	channel	showname	duration	h	m	s	secs	sum	group
<S3:integer64> <chr>	<chr>	<chr>	<int>	<dbl>	<dbl>	<dbl>	<dbl>	<int>	<fctr>
825010211307012 09:44:14 CCTV-1	魔幻手机(10)		1515	9	44	14	35054	32219	高
825010211307012 10:09:29 CCTV-5	国际田联室内大奖赛-纽约站		118	10	9	29	36569	32219	高
825010211307012 10:11:27 黑龙江卫视	悬崖(5)		332	10	11	27	36687	32219	高
825010211307012 10:16:59 黑龙江卫视	爱情睡醒了(23)		1543	10	16	59	37019	32219	高
825010211307012 11:04:43 CCTV-7	军营大舞台		46	11	4	43	39883	32219	高
825010211307012 11:05:29 南京少儿	天天快乐岛(复)		1333	11	5	29	39929	32219	高
825010211307012 12:01:28 天津卫视	12点报道		3028	12	1	28	43288	32219	高
825010211307012 12:51:56 CCTV-2	经济与法周末版		907	12	51	56	46316	32219	高
825010211307012 13:07:03 CCTV-5	国际乒联职业巡回赛-斯洛文尼亚站	256	13	7	3	47223	32219	高
825010211307012 13:11:19 南京新闻	下午剧场-杨贵妃秘史5-8		31	13	11	19	47479	32219	高
825010211307012 13:11:50 南京信息	东方购物		4	13	11	50	47510	32219	高
825010211307012 13:11:54 优购物	家用电器		13	13	11	54	47514	32219	高
825010211307012 13:12:07 江苏城市	万家灯火		13	13	12	7	47527	32219	高
825010211307012 13:12:09 江苏综艺	老同志春节联欢会		2434	13	12	9	47529	32219	高

1-14 of 17,964 rows   Previous [1] 2   3   4   5   6 ... 72 Next

图 7-7   df2_group 数据集的基本情况

📖 7.3.3   分组结果对比

从直观上来看，df2_group 数据总量比 df1_group 多了 81 行，这也是修正异常数据的好处——可以尽量保持数据的完整性，缺点是处理过程更加复杂。

此外，按程序 7-10 分组计算两个数据集最终的观看时间均值后发现，经过"删除异常值"的处理后低、中、高三组的观看时间均值比经过"修正异常值"处理的结果分别小 1% 左右、大 3% 左右、大 10% 左右。

```
#程序 7-10

df1_group [, mean (duration), by = group]

df2_group [, mean (duration), by = group]
```

具体结果如图 7-8 所示。

```
> df1_group [ , mean (duration) ,by=group]
      group        V1
1:      高     1466.4335
2:      低      660.0396
3:      中      872.8154
> df2_group [ , mean (duration) ,by=group]
      group        V1
1:      高     1326.9916
2:      低      666.3012
3:      中      846.2272
>
```

图 7-8　低、中、高三组的观看时间均值对比

7.4　切换电视频道次数的均值对比

在这里不再赘述 duration 变量删除与修正这两种方式，只考虑清洗后分组计算的结果差异。

采用删除异常数据的方式后（即接程序 7-7），分组计算切换电视频道的方法如程序 7-11 所示。第二行代码主要借助 length 函数分组计算了每个 ID 出现的 duration 的次数（并用 length 作为计算结果的变量名称，存入新数据 qie1 中，该分组计算方法同上）。之所以每个 ID 的 duration 次数可以视为切换电视频道的次数，是因为每个观

看时间 duration 都是切换电视之后的观看时间——有几个 duration 就代表用户切换了几次电视。第三行代码的含义是，凭借两个数据集 qie1 与 user 都含有的变量 ID 将两个数据集"连接起来"。第四行代码分组计算方式同上文。其他代码在此不再赘述。

```
#程序 7-11
df1_group
qie1 <- df1_group [, . ( length = length ( duration ) ), by = "ID"]
qie1 <- qie1 [user, on = "ID"]
qie1 [, mean ( length ), by = group]
df2_group
qie2 <- df2_group [, . ( length = length ( duration ) ), by = "ID"]
qie2 <- qie2 [user2, on = "ID"]
qie2 [, mean ( length ), by = group]
```

　　具体的两种分组计算结果如图 7-9 所示，可以注意到除"低观看时间组"差异较小外，其他两组切换电视频道的次数还是有较大差异的。

```
> qie1 [,mean(length) ,by=group]
       group              V1
1:     高             26.06731
2:     低              6.74240
3:     中             17.74359
> qie2 [,mean(length) ,by=group]
       group              V1
1:     高             24.422319
2:     低              6.789137
3:     中             15.196429
>
```

图 7-9   不同修正方式下各组切换电视频道次数均值对比

7.5 小结

  本章主要回顾前期学习的关于数值型数据的清洗技术，并将其应用在用户分析过程之中，对比了数据清洗前后的分析结果差异，有助于读者认识数据清洗工作的重要性。然而，有时数据清洗工作人员可能会受限于各种现实条件，无法完全准确地进行数据清洗工作，此时选择一种相对较好的清洗技术至关重要。

8

清洗字符型数据

处理字符型数据的思路：

（1）检查变量是否具有缺失值，数量是多少，具体位置在哪里。

（2）检查变量是否具有异常值。若变量的类别较少，如季度变量只分四个季度，可以直接统计每个类别的频次进行观察即可识别出异常数据，比如可能出现了"第五季度"。若变量的类别较多，如本书例子中电视节目的名称超过了 100 个。此时，统计类别频次再直接观察是难以识别出异常数据的，可以使用正则表达式来对字符数据进行检查。

8.2 利用 table 函数检测字符变量中的错误

现在让我们以性别变量（gender，自定义数据集）为例，开始检查字符变量中可能存在的错误。变量 gender 有效值只有 M 和 F，且为大写字母，需要注意这里我们要求该变量不允许为空或者小写字母，不允许有缺失值，因此输出结果出现 M 或 F 以外的数据都是异常数据。

判断 gender 变量只有两种结果说明变量中类别较少，因此读者可以通过计算变量中数据的频次来检查 gender 变量是否存在异常，具体代码如程序 8-1 所示。table 函数通常用来查看单变量中数据频次信息，而借助 useNA 参数（设置为 always）可以同时把缺失值数量计算出来。如果不使用该参数，则不会显示缺失值频次，因此读者还可以通过对比 table 函数所有输出频次之和与总观测数量判断是否有缺失值（标准：少于总观测数量表示有缺失值）。

```
#程序 8-1
gender <- c("M","M","F","F","f","m","M","M","f","F",NA)
table(gender,useNA = c("always"))
```

程序 8-1 的运行结果如图 8-1 所示。

```
>                    table(gender,useNA = C(" always"))
gender
   f     F     m     M   <NA>
   2     3     1     4     1
```

图 8-1 程序 8-1 的输出结果

可以看到，变量 gender 中存在 1 个缺失值，以及不同数量的 f、F、m、M。变量 gender 中的"f 与 m"需要特别注意，因为该列变量不允许存在小写字母。因此，可以使用 toupper 函数将小写字母转化成大写字母，这其实就是一次数据清洗工作，我们将原来不符合要求的数据修正了，具体代码如程序 8-2 所示。

```
#程序 8-2
gender<- toupper(gender)
table(gender,useNA = c("always"))
```

程序 8-2 第二行代码展示了修正后的 gender 变量的结果，如图 8-2 所示。可以看到，所有小写字母都已经转变为大写字母。

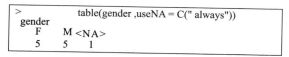
```
>                    table(gender ,useNA = C(" always"))
gender
   F     M   <NA>
   5     5     1
```

图 8-2 程序 8-2 的输出结果

但是，实际上 gender 变量的数据清洗工作并未完成，因为还存在 1 个缺失值。鉴于这里我们没有更多的信息进行修正，只需要删除即可——读者可以根据前面所学，自行尝试。

8.3 一些处理字符变量的函数

本节主要总结一些有助于处理字符数据的函数。

（1）toupper 函数和 tolower 函数。这两个函数可以改变字符变量的大小写。在程序 8-2 中，我们已经看到了 toupper 函数的用法，现在来看 tolower 函数，如程序 8-3 所示。

```
#程序 8-3
gender<- tolower(gender)#`字符改为小写`
table(iptv $ gender,useNA = c("always"))
```

如图 8-3 所示，已经将所属变量字符全部改为小写。

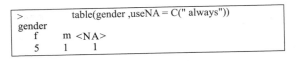

```
>            table(gender ,useNA = C(" always"))
gender
    f      m  <NA>
    5      1     1
```

图 8-3　程序 8-3 的输出结果

（2）substr 函数。substr 函数前面章节已经用过很多次了，它可以用来提取字符变量中特定位置的数据，因此需要先指出提取的位置。具体代码例子如下：

substr("13abdf",3,5)

输出结果为" abd"。

需要注意 substr 函数，第一个参数是需要进行处理的字符或者字符型变量，第二个参数是提取的起始位次，第三个参数是提取的结束位次。如上述代码所示，在字符"13abdf"中，第三个位次是"a"，第五个位次是"d"，所以提取出来的字符为"abd"。

⑧.④　检查字符变量的存储格式

（1）利用有效数据集进行检查。在本节中，以前述程序 7-6 中使用的数据集 df1 的 time 列变量为例，检查变量的存储格式是否正确。由于 time 变量有很多值，因此很难通过 table 函数查看变量频次的方式去检查该变量是否存在异常。但如果有关于 time 变量有效值的数据，则可以直接借助有效值检查原数据中的异常。假如我们拥有这样的有效值 tm 数据（自主添加一些错误数据，如程序 8-4 所示），因此可以进行如下检查操作：

```
#程序 8-4
df3 <- df1
tm <- df3 $ time
#`自主添加错误数据`
set. seed(1024)
n <- sample(1:1000,4)
x <- sample(1001:17883,200)
df3[n,] $ time <- gsub(":","-",df3[n,] $ time)
df3[x,] $ time <- NA
#`逻辑判断不会对缺失值进行判断`
table(df3 $ time! =tm,useNA =c("always"))
```

table 函数中 iptv $ time! = tm 的 "! =" 代表 "不等于" 的意思，因此该条代码意味着判断 df3 数据集中的 time 列变量是否与 tm 不相等，如果不相等，则返回真值（TRUE），否则返回假值。运行程序 8-4 中最后一行代码的结果如图 8-4 所示。

注意图 8-4 中给出了逻辑值真或假的个数。结果显示，df3 数据中有 4 个真值，且有 200 个缺失值。

```
FALSE  TRUE  <NA>
17679     4  200
```

图 8-4　统计异常结果

（2）利用正则表达式进行检查。当然以上情况只是特例，在现实中通常没有所谓的正确数据集来帮助我们识别异常值。多数情况下只能根据已有的常识和已知的信息，借助正则表达式进行判断。例如，可以借助以下正则表达式来检查 df3 数据中的 time 列是否符合正常存储格式：

在程序 8-5 中，grep 函数第一个参数借助符号"丨"使三个正则表达式模式得以并列存在，结合 invert = T，其含义为：只要 time 列不符合这三种模式，则返回其在 iptv 数据集中的位置，并存储在变量 w 中。其中三个正则表达式的含义分别代表 0 点至 9 点、10 点至 19 点、20 点至 23 点三个时间段的时间。

```
#程序 8-5
w <- grep("0[0- 9]:[0- 5][0- 9]:[0- 5][0- 9]|1[0- 9]:[0- 5][0- 9]:[0- 5][0-
9]|2[0- 3]:[0- 5][0- 9]:[0- 5][0- 9]",iptv $ time,invert = T)
df3[w,]
```

结果如图 8-5 所示，共有 205 个数据不符合一般的存储格式。

ID time		channel	showname		duration	h	m	s	secs
<S3:integer64>	<chr>	<chr>	<chr>		<int>	<bdl>	<bdl>	<bdl>	<bdl>
825010211307284	17:06:57	中视购物	快乐居家		13	17	6	57	61617
825010211307419	14:00:59	第一导视	互动资讯榜		429	14	0	59	50459
825010211307459	22:42:32	湖北卫视	调解面对面		1765	22	42	32	81752
825010211307947	23:49:20	深圳电视台	欢乐元帅(2)		27	23	49	20	85760
825010211308492	13:09:54	CCTV-4	华人世界		363	13	9	54	47394
825010211308622	NA	湖北卫视	刁蛮俏御医(6)		3	11	32	49	41569
825010211308672	NA	南京少儿	动画王国		4	18	2	3	64923
825010211308788	NA	江苏教育	黄金剧场:李春天的春天(5)		153	22	23	39	80619
825010211308788	NA	CCTV-少儿	2012春节动画狂欢曲(44)		11	23	38	19	85099
825010211308950	NA	江苏影视	家庭剧场:甄执<U+FFFD>54)		0	20	20	37	73237

1-10 of 205 rows   Previous 1 2 3 4 5 6 … 21 Next

图 8-5　统计得出的部分异常数据结果

8.5　清洗 channel 变量

（1）channel 变量与 table 函数。在进入下一阶段清洗工作之前，我们先将处理好的数据进行存储以便后续使用，减少工作量。这里我们选择前期已经进行删除工作清洗后的数据 df1，如程序 7-6 所示。后续清洗工作以此数据为基础。具体存储数据代码如程序 8-6 所示，write. csv 函数这里共使用了三个参数：第一个参数代表我们将要存储的数据集 df1；第二个参数代表将要存储的位置，注意要具体存储数据的名称与格式，这里我们使用的存储名为 df1，存储格式为 csv 格式；第三个参数代表行名，这里设置为无行名即可。运行过后，读者可以在对应的电脑存储位置查看数据是否存在。

```
#程序 8-6
write. csv(df1,file="D:/D/data/df1. csv",row. names = F)
```

接下来，我们从 df1 数据开始对 channel 变量进行数据清洗。还记得前面的清洗工作吗？首先需要判断数据是否含有缺失值。具体代码如程序 8-7 所示。

```
#程序 8-7
w <- which(is. na(df1 $ channel))
df2 <- df1[- w,]
channel <- as. data. frame(table(df2 $ channel))
```

通过程序 8-7，判断缺失值的方式可以结合 is. na 函数与 which 函数，这样就可以将缺失值出现的位置也存储起来。然后如第二行代码所示，进行删除即可。

之所以现在只需要简单删除是因为：df1 中的 time 列与 channel 列数据不存在错误，而其他列都可能出现错误，特别是 showname 列，因此我们无法根据其他列的数据对 channel 列进行修正，只能选择删除。因为对于 df1 数据而言，我们只有前述提到的信息，每个变量都可能出现异常，只能在某些假设的基础上进行进一步的数据清洗工作。而且，鉴于潜在测试中发现 channel 列比 showname 列的缺失值更少，所以我们做出这样的假设还算合理。当然，读者也可以假设 showname 列数据正确，这样只需要将本次处理工作针对 showname 列做出调换即可。

此时，继续查看 channel 列数据情况，看看是否有更多的异常。例如，借助 table 函数与 as. data. frame 函数，查看 channel 列是否有异常数据。具体代码如程序 8-7 第三行所示，table 函数主要用来统计变量出现的频次，结合 as. data. frame 函数可以将统计结果转换为数据框（Data. Frame）格式——方便查看。这也是通常用来检查字符型数据的一种方式，但前提是数据变量中结果的数量不多，否则失去了查看的意义。就本数据而言，统计之后发现共 210 个频道——其实已经相当多的统计结果了，但是我们没有其他办法，因为没有原始的、准确的、正确的频道数据可以帮助我们进行对比，只能借助这种统计频次的方式浏览统计结果。

如图 8-6 所示，结果发现，共有 17 个频道的结果较为异常，因为它们的 channel 列统称为测试频道（且进一步查看这些频道的节目，统称为"以播出为准"）。考虑到这些数据对分析没有任何帮助，甚至会有负面作用，可以删除。

28	测试节目1	3
29	测试节目10	2
30	测试节目11	2
31	测试节目12	1
32	测试节目13	1
33	测试节目14	1
34	测试节目15	2
35	测试节目16	2
36	测试节目17	1
37	测试节目2	3
38	测试节目3	8
39	测试节目4	21
40	测试节目5	10
41	测试节目6	11
42	测试节目7	5
43	测试节目8	2
44	测试节目9	3

图8-6　channel 列变量中的异常结果

（2）识别与删除多个"测试节目"。由于在 channel 列中，每个测试频道的名字并不相同，为方便起见，采用正则表达式进行识别，具体方式如下：

如程序 8-8 所示，原始数据 df2 中已经删除了 17 个异常频道的信息。注意，虽然在第一行代码中，grep 函数并未完全指明这些异常频道"测试节目"的正则表达式模式，但是在这种情况下，已经可以识别出所有包含"测试节目"四个字的数据所在位置，因此也是同样可行的。当然，读者也可以使用更加完整的正则表达式：grep（"测试节目［0-9］｛1,｝"，df2 $ channel）。最后同样将处理好的数据存储起来，以作备用。

```
#程序 8-8
n <- grep("测试节目",df2 $ channel)
df3 <- df2[- n,]
write. csv(df3,file = "D:/D/data/df3. csv",row. names = F)
```

(8.6) 借助 KNN 算法清洗 showname 变量

（1）识别 showname 变量中的异常值。按照前述假设，我们认为 iptv 数据集中时间和频道变量都是正确的，因为按照生活经验，我们认为在固定的时间段内所有用户观看的电视节目必然相同，如 CCTV-1 频道在 19 点至 19 点 30 分必然播放的电视节目是《新闻联播》，因此我们只需要将 showname 变量中的节目信息替换为《新闻联播》进行修正即可。

但数据却并非如此，我们仍旧以 CCTV-1 频道为例，进行数据可视化，其中横轴代表播放时间（单位是秒数），纵轴代表电视节目名称，结果如图 8-7 所示。可以发现，每个时间点都有多个电视节目在播放，这是不符合常理的，如在横坐标 50000 秒的地方，可以看到纵坐标同时出现多个电视节目名称。因此，我们需要对其进行修正。

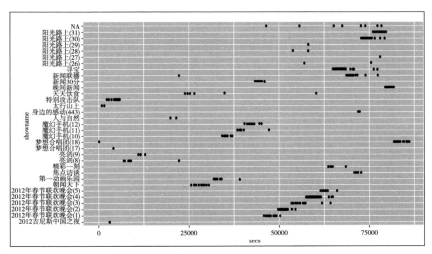

图 8-7　CCTV-1 每个时间段播放的节目信息

但是，如何进行修正呢？很明显，showname 变量的数据清洗是一项非常复杂的工作，其难度远远超过前面所做的数据清洗工作，但读者也不用慌张，因为我们已经知道了大致的清洗思路，即只需要让其符合我们的生活经验就好。

当然，因为我们没有原始的、正确的播放时间和播放节目的数据，无法进行比对修正，所以只能退而求其次，借助生活经验进行判断与修正。

具体而言，我们只能根据已有的数据做出假设（就像前面已经假设的那些条件一样：time 列与 channel 是正确的），提出新的假设，即在某个时间内，比如 30 秒或 10 分钟，出现频次多的是正确的电视节目。按照这样一条原则，我们就能开始数据清洗工作了。

另外，图 8-7 所用代码如程序 8-9 所示，鉴于本书以数据清洗技术为主，对于可视化部分不做过多介绍，读者可以自行在网络中搜集相关可视化技术进行学习。

```
#程序 8-9
install. packages("ggplot2")
library(ggplot2)
c1 <- subset(df3,channel=="CCTV-1")
ggplot(c1,aes(secs,showname))+geom_point ( )
```

（2）修正 showname 变量中的异常值。按照上述分析，最适合这种情景的修正方式就是聚类分析。在这里，我们选择用 KNN 算法（K-Nearest Neighbors Classification）进行聚类修正。借用百度百科的概念：KNN 算法即 K 最邻近法，最初由 Cover 和 Hart 于 1968 年提出，是一个理论上比较成熟的方法，也是最简单的机器学习算法。该方法的思路非常简单直观：如果一个样本在特征空间中的 K 个最相似（即特征空间中最邻近）的样本中大多数属于某一个类别，则该样本也属于这个类别。该方法在定类决策上只依据最邻近的一个或者几个样本的类别来决定待分样本所属的类别。

以数据 c1 为例,我们需要修正的类就是 showname 变量。按照该思想,在数据集中为每个 showname 变量找到 K 个最邻近的样本,就是说找到 K 个最邻近的 showname 就可以确定每个 showname 的"真实"名称了。那么什么是最邻近呢?其实就是 c1 数据集中的 secs 变量,即播放时间秒数。显然,secs 越接近代表播放的电视节目,showname 名称越有可能是同一类。因此,我们采用 KNN 算法是非常合适的。

此外,按照该算法的思想,R 本身提供了许多关于 KNN 算法的工具包以供使用,选择一种使用即可。在这里,我们选择使用"kknn 包",主要函数是 kknn 函数与 fitted 函数,具体程序如程序 8-10 所示。

```
#程序 8-10
library(kknn)
m <- nrow(c1)
c1 $ showname <- as. factor(c1 $ showname)
val <- sample(1:m,size=round(m/3),replace = FALSE, prob = rep(1/
m, m))
c1. learn <- c1[- val,]
c1. valid <- c1[val,]
#分割线,上面为准备工作,下面为聚类修正工作
```

```
c1. kknn <- kknn (showname ~ secs, c1. learn, c1. valid, distance = 1,
kernel = "triangular")
fit <- fitted(c1. kknn)
c1. kknn <- kknn (showname ~ secs, c1. valid, c1. learn, distance = 1,
kernel = "triangular")
fit2 <- fitted(c1. kknn)
c1. valid $ showname2 <- fit
c1. learn $ showname2 <- fit2
newc1 <- rbind(c1. valid, c1. learn)
ggplot(newc1,aes(secs,showname2))+geom_point ( )
```

对程序 8-10 的解释说明：

前六行代码，是进行 KNN 聚类前的准备工作。如第 1 行是载入工具包 kknn，当然在此之前需要已经安装完成 kknn 工具包才行 [使用安装代码：install. packages（" kknn"）]。第 2~6 行代码是形成训练集与测试集数据。需要注意的一点是，想要使用 kknn 算法必须将类别变量 showname 转换成因子型数据才行——可借助第 3 行代码中的 as. factor 函数实现，否则软件会报错。第 2、第 4 行代码是进行简单抽样，形成数值下标，主要用到的函数是 sample 函数，其中 sample 函数第一个参数代表选择下标数值的范围，第二个参数 size

代表抽样的数量大小，第三个参数代表抽样是否放回（FALSE 代表不放回），最后一个参数代表抽样概率。第 5、第 6 行分别代表借助抽样数值作为下标形成训练集与测试集（c1. learn 与 c1. valid）。

第 8~第 15 行代码代表修正过程。如第 8 行代码，借助 kknn 函数对前述的测试集进行修正。其中，kknn 函数第一个参数代表需要进行聚类以及计算距离的数值变量，在这里分别是 showname 与 secs，中间用 "~" 连接起来；第二个参数代表训练集，第三个参数代表测试集，第四个参数代表工具包内置的计算 Minkowski 距离的参数，第五个参数代表内核可选择的选项（距离的权重），如 rectangular 代表标准加权。第 9 行代码表示将训练完成并修正好的 showname 名称赋值给变量 fit。第 10~第 11 行代码重新调换了训练集与测试集，并进行修正。第 12~第 13 行代码表示修正后的 showname 变量分别存储在训练集和测试集的新变量中——方便对比。第 14 行代码就是将训练集与测试集重新合并成一个新的数据集 newc1，相对于原始数据集 c1，只多了一个变量 showname2（代表修正后的数据）。

修正后的可视化结果如图 8-8 所示，对比图 8-7 可以注意到，原来杂乱的散点数据变成了规律性的线段。

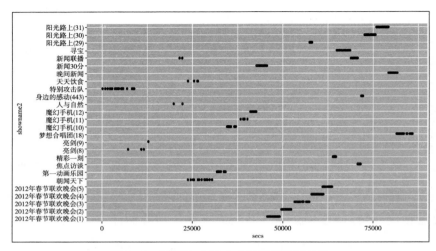

图 8-8　修正后 CCTV-1 的电视节目信息

8.7　小结

检测字符型变量的异常值时，若变量中观测值较少，table 函数是非常有用的。但如果变量类型比较多，此时选择正则表达式进行判断是更加合适的。当然，读者可以继续深入学习一些常用的工具包，以便进一步提升数据清洗能力。

参考文献

［1］ Allaire J, Horner J, Xie Y, Marti V, Porte N. Markdown: Render Markdown with the C Library "Sundown" (2019) ［EB/OL］. ［2019-08-07］. https: //github. com/rstudio/markdown.

［2］ Boehmke B C. Data Wrangling with R ［M］. New York: Springer International Publishing, 2016.

［3］ Cody R. Cody's Data Cleaning Techniques Using SAS ［M］. Cary, NC: SAS Institute Inc. , 2017.

［4］ Grolemund G, Wickham H. Dates and Times Made Easy with Lubridate ［J］. Journal of Statistical Software, 2011, 40 (3): 1-25.

［5］ Keen K J. Graphics for Statistics and Data Analysis with R ［M］. Los Angeles: CRC Press, 2018.

［6］ Klaus S, Klaus H. kknn: Weighted k-Nearest Neighbors Classifier ［EB/OL］. ［2020-02-10］ . https: //rdrr. io/cran/kknn/man/kknn. html.

［7］ Kleiber C，Zeileis A. Applied Econometrics with R ［M］. Berlin：Springer Science & Business Media，2008.

［8］ Matt D，Arun S，et al. data. table：Extension of "data. frame" ［EB/OL］.［2021-02-21］. https：//github. com/Rdatatable/data. table.

［9］ Norman Matloff. R 语言编程艺术 ［M］. 陈堰平，邱怡轩，潘岚锋等，译. 北京：机械工业出版社，2013.

［10］ Rahm E，Do H H. Data Cleaning：Problems and Current Approaches ［J］. IEEE Data Engineering Bulletin，2000，23（4）：3-13.

［11］ Robert I，Kabacoff. R 语言实战 ［M］. 王小宁，刘撷芯，黄俊文等，译. 北京：人民邮电出版社，2013.

［12］ Rudnytskyi L. R Coding Style Guide ［EB/OL］.［2019-01-13］. https：//www. r-bloggers. com/2019/01/%f0%9f%96%8a-r-coding-style-guide/.

［13］ Spector P. Data Manipulation with R ［M］. 朱钰，柴文义，张颖，译. 西安：西安交通大学出版社，2011.

［14］ Tableau Software. Guide to Data Cleaning：Definition，Benefits，Components，and How to Clean Your Data ［EB/OL］. Tableau，https：//www. tableau. com/learn/articles/what-is-data-cleaning.

［15］ The R Core Team. R：A Language and Environment for Statistical Computing. R Foundation for Statistical Computing ［EB/OL］.

[2021-03-31]. https：//cran. r-project. org/doc/manuals/r-release. save/ fullrefman. pdf.

［16］ Wickham H. ggplot2：Elegant Graphics for Data Analysis ［M］. New York：Springer，2013.

［17］ Wickham H，Grolemund G . R for Data Science：Visualize，Model，Transform，Tidy and Import Data ［M］. Sebastopol，CA：O'Reilly Media，Inc. ，2016.

［18］ Wickham H，Romain F，Lionel H，Kirill M. dplyr：A Grammar of Data Manipulation ［EB/OL］. ［2021-06-18］. https：//cran. r-project. org/web/packages/dplyr/index. html.

［19］ Zuur A F，Ieno E N，Meesters E. A Beginner's Guide to R ［M］. New York：Springer ，2009.

［20］ 方匡南，朱建平，姜叶飞 . R 数据分析方法与案例详解 ［M］. 北京：电子工业出版社，2015.

［21］ 王汉生，成慧敏 . 商务数据分析与应用：基于 R ［M］. 北京：中国人民大学出版社，2020.

［22］ 吴喜之 . 统计学：基于 R 的应用 ［M］. 北京：中国人民大学出版社，2014.

［23］ 谢士晨 . data. table 与 pandas ［EB/OL］. 统计之都，［2021-01-19］. https：//cosx. org/2021/01/dt-pd/.

［24］熊大．数据分析的第一步是什么［EB/OL］．狗熊会，［2019 - 10 - 02］．https：//mp. weixin. qq. com/s/2M7KCkup0fOeZGG1 A_VUhQ.

［25］熊大．熊大胡说 | 商业分析到底是学什么的［EB/OL］．狗熊会，https：//mp. weixin. qq. com/s/vywAC05jbtoczpbV24piXQ.

［26］张良均，云伟标，王路，刘晓勇．R 语言数据分析与挖掘实战［M］．北京：机械工业出版社，2015.

后　记

学而不思则罔，思而不学则殆。

——《论语》

数据清洗遇到的困难远比书本中所讲述的更加复杂，R 语言提供的数据清洗技术之多也远远超过书本中所讲到的。我们只希望读者通过阅读此书，不再对数据清洗的过程一头雾水，而是能够快速定位数据异常的原因，找到数据清洗的思路和方法。这不仅需要我们在这个过程中学习更多的数据清洗技术；同时也要不断补充相关领域的业务背景知识，不断思考，不断实践。也许这个过程会异常艰难，但既然自己选择了这条路，那就坚持下去吧。黑夜过后，必见光明！

其实我在正式开始撰写本书之前翻译了 *Cody's Data Cleaning Techniques Using SAS* 一书，并且在 2020 年 5 月 29 日完成了第 1 章的翻译工作。当时我希望能以这本翻译书中的数据清洗技术为基础，将自己学会的关于 R 语言编程的知识融会贯通。可惜当时我一心扑在翻译上，根本就没有好好去思考作者为什么这样安排章节、为什么这样安排数据清洗工作，导致开始撰写《基于 R 语言的数据清洗技术》这本书的时候举步维艰！因为我"完美"实践了《论语》中的原话：学而不思则罔！

那么我是什么时候开始有意识地克服这个问题的呢？就是书籍撰写工作完成之后的修改过程。因为我希望章节之间能够衔接更加顺畅。正是此时我才开始问自己为什么要这样安排章节？于是我阅读了早期翻译的书籍，特别是章节前面的非技术类介绍。直到此时，我才开始一点点理解那本翻译书章节安排原因之所在——为了方便读者进行阅读。当然，不止这一个原因，但这绝对是重要的原因之一！希望读者朋友们能引以为戒，在读书学习的过程中不断思考，有所进步。

"思而不学"则是另一个方面的问题，指的是一味空想而不去进行实地学习和钻研。好在本书已经为大家提供了一份"混乱"的iptv 数据，能够让读者尽情实践各种数据清洗技术，进而将理论与实践相结合，锻炼出自己的数据清洗技能。

本书的撰写绝不是一个人的成果，感谢所有在成书过程中帮助过我的人。特别感谢林祯舜老师的指导！在整个学习 R 语言的过程中，林老师每次都能一针见血地指出问题，不断训练我的思维习惯，鼓励处于低谷中的我！感谢经济管理出版社杨雪编辑认真提出的修改意见。

　　由于时间与能力有限，本书内容还有待进一步完善，期待读者的反馈。我会认真阅读您的意见和建议，充实书籍的内容。如果您的反馈被采纳，那么您的名字会出现在下一版的致谢名单中。欢迎各位读者在 HarbinR 微信公众号留言。

薛　宁

2021 年 7 月